Aethina tumida – un problema emergente nel 21esimo secolo

A cura di Norman L. Carreck

IBRA

INTERNATIONAL BEE
RESEARCH ASSOCIATION

Prevention of Honey Bee COlony LOSSes
COLOSS

crea
Consiglio per la ricerca in agricoltura
e l'analisi dell'economia agraria

Aethina tumida – un problema emergente nel 21esimo secolo

Aethina tumida – un problema emergente nel 21esimo secolo

A cura di Norman L. Carreck

Impaginazione di Valerie Rhenius

Assistenza editoriale per la versione italiana di Cecilia Costa

Pre-produzione di D&P Design and Print

ISBN: 978-0-86098-279-1

Prima stampa nel 2019. Pubblicato congiuntamente dalla International Bee Research Association, 91 Brinsea Road, Congresbury, Bristol, BS49 5JJ, UK e Northern Bee Books, Scout Bottom Farm, Mytholmroyd, Hebden Bridge, HX7 5JS, UK.

Ordini: bookshop@ibra.org.uk o www.northernbeebooks.co.uk

L'International Bee Research Association è una società a responsabilità limitata, registrata in Inghilterra e Galles, Reg. N. 463819, Sede legale: 91 Brinsea Road, Congresbury, Bristol, BS49 5JJ, Regno Unito, ed è registrato come ente di beneficenza N. 209222.

http://www.ibra.org.uk/
https://www.facebook.com/IBRAssociation
https://twitter.com/ibra_bee

Notes:

1. In questa pubblicazione, il nome comune "piccolo coleottero dell'alveare" ("SHB") è usato per indicare la specie *Aethina tumida* Murray 1867 (Coleoptera: Nitidulidae). Dove vengono indicate altre specie di coleotteri, vengono citate per esteso.

2. Tutte le illustrazioni sono state fornite dal primo autore nominato, tranne dove diversamente indicato.

3. Le opinioni espresse non sono necessariamente quelle dell'International Bee Research Association.

Contents

UNO

Introduzione - lo sviluppo della nostra comprensione della biologia di *Aethina tumida*

Norman L Carreck

Il coleottero *Aethina tumida*, anche chiamato "piccolo coleottero (o "scarabeo") dell'alveare", o "SHB" dall'inglese "small hive beetle" è un problema abbastanza recente per l'apicoltura. Infatti nei due testi di riferimento per la patologia apistica "Honey bee pathology" (Bailey and Ball, 1991) e "Honey bee pests predators and diseases" (Morse and Flottum, 1997) non viene menzionato affatto. Anche se la sua presenza negli alveari nell'Africa sub-sahariana, suo range naturale di distribuzione, è nota da tempo, è solo dalla sua inaspettata scoperta in Florida nel giugno 1998 che ha iniziato ad attrarre attenzione. Da allora un gran numero di articoli divulgativi, di review sulla biologia e sul controllo, e di articoli scientifici di ricerche sul coleottero hanno allargato le nostre conoscenze.

Uno dei primi articoli è stato scritto da Hood (2000), che ha descritto l'arrivo del coleottero negli USA, avvenuto presumibilmente nel 1996. Nel 2000 si era diffuso in 12 degli Stati, causando danni considerevoli. Un articolo chiave di Elzen et al (2001) ha confrontato il comportamento di Aethina sulle api europee in Florida con quello di *Apis mellifera capensis*, uno degli ospiti naturali, in Grahamstown, Sud Africa, ovvero nel loro range nativo. Più tardi nello stesso anno, Neumann e colleghi (2001) hanno

descritto come Aethina può essere allevata in condizioni di laboratorio. L'anno successivo Mostafa and Williams (2002) hanno descritto l'incidenza di *Aethina tumida* in Egitto, fuori dal range sub-sahariano. Nel 2004 Hood ha scritto una review di riferimento su *Aethina tumida*, sottolineando la sua distribuzione a quella data, il comportamento e

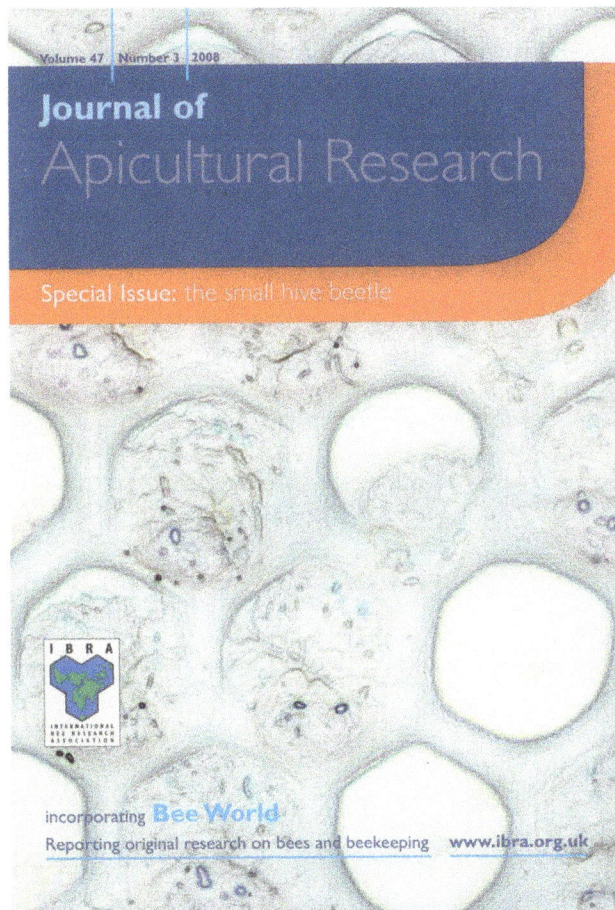

Fig. 1. L'edizione speciale *Journal of Apicultural Research* dedicata ad *Aethina tumida*.

l'importanza economica. Nel 2006 Cabanillas e Elzen hanno descritto lo studio in cui in test di laboratorio è stato valutato l'effetto di nematodi entomopatogeni, con l'obiettivo di usarli per il controllo biologico.

Nel 2008, il numero 47(3) del *Journal of Apicultural Research* è stato interamente dedicato ad *Aethina tumida* (Fig. 1). L'editoriale (Neumann and Ellis, 2008) ha rivisto la distribuzione del parassita a quel momento e descritto le questioni aperte. Un articolo chiave di Bucholz et al (2008) ha descritto esperimenti volti a valutare la capacità di *Aethina tumida* di riprodursi su fonti alimentari alternative. Hanno trovato che nei test di laboratorio Aethina poteva riprodursi su frutta, ma non hanno chiarito fino a che punto questo può avvenire in campo, anche perché hanno osservato una netta preferenza per i prodotti dell'alveare. Il lavoro di Guzman et al (2008) ha mostrato che sia api di linee commerciali che api delle linee "Russian hygienic" negli USA erano in grado di individuare e disopercolare covata infestata da uova e larve del coleottero. In ultima, Levot (2008) ha descritto un nuovo tipo di trappola insetticida per Aethina.

Nel 2012 due articoli sono stati pubblicati: uno da Neumann et al sulla dispersione a vasto raggio di Aethina, e l'altro da Spiewok e Neumann sui rapporti tra i sessi dei coleotteri in Australia e in Sud Africa. L'anno successivo l'associazione COLOSS (Prevention of honey bee COLony lOSSes) ha pubblicato il *BEEBOOK* (Williams *et al.,* 2012), in cui è incluso un capitolo su *Aethina tumida* (Neumann *et al*, 2013) che copre i metodi diagnostici, di identificazione, di

Fig. 2. Numero 91(4) di *Bee World*.

allevamento di laboratorio, di indagine sul controllo biologico e tecniche di campo. Questo capitolo è stato recentemente tradotto in spagnolo.

Nel giugno 2014 Aethina è stata trovata nelle Filippine (Lupon, Davao Oriental), il primo ritrovamento in Asia (Cervancia et al., 2016). Il ritrovamento di *Aethina tumida* in

Fig. 3. Partecipanti al workshop COLOSS. Photo: Noa Simon Delso.

Italia nel settembre 2014 (Mutinelli, 2014; Mutinelli *et al.*, 2014; Palmeri *et al.*, 2015; Quigley, 2015; Chapter Two; Fig. 2), che ha seguito un ritrovamento senza ulteriore diffusione in Portogallo nel 2004 (Valério da Silva, 2014) sembra costituire il suo arrivo permanente in Europa. Nel 2017, fino al 1 giugno, 5 nuovi casi positivi sono stati individuati nel Sud Italia, sia in colonie allevate che selvatiche, con presenza sia di larve che di adulti.

Nel marzo 2015, *Aethina tumida* è stata scoperta in Brasile (Piracicaba, State di São Paulo), il primo ritrovamento sul continente Sud Americano (Al Toufailia *et al.*, 2017). La diffusione ad altri paesi sembra probabile (Neumann *et al.*, 2016), ma è difficile prevedere il suo impatto sulle api nelle diverse condizioni ambientali.

Negli ultimi anni c'è quindi stato un ritorno di interesse su *Aethina tumida* da parte di apicoltori e scienziati. Per questo motivo è stato organizzato dal CREA-API e dal neo-formato Task Force COLOSS dedicato a *Aethina tumida*, un evento intitolato "Una strategia europea per fronteggiare *Aethina tumida*", svoltosi a Bologna, il 19 e 20 febbraio 2015. Il primo giorno è stato pianificato come un Workshop COLOSS a cui hanno partecipato 52 persone da 17 paesi, inclusi la maggior parte degli scienziati che si occupano di Aethina tumida (Fig. 3). Dall'incontro sono scaturite delle importanti conclusioni e raccomandazioni (vedere Appendice). Il secondo giorno è stata una giornata divulgativa a cui hanno partecipato circa 120 persone, tra cui apicoltori, veterinari e funzionari delle Regioni e dei Ministeri della Salute e dell'Agricoltura (Fig. 4).

Questo libro è pensato per gli apicoltori e per chiunque altro sia interessato ad *Aethina tumida*, e deriva soprattutto dalle relazioni presentate durante l'incontro di Bologna. Nel Capitolo Due, Franco Mutinelli e colleghi descrivono le circostanze del ritrovamento di Aethina in Italia e le misure iniziali. Nel Capitolo Tre Marie-Pierre Chauzat e colleghi inquadrano la questione nel contesto della legislazione UE ed internazionale. Poi, nel Capitolo Quattro, Peter Neumann sottolinea le possibili implicazioni della scoperta e della futura diffusione di *Aethina tumida* in base alle conoscenze attuali della biologia del coleottero. Nel Capitolo Cinque, Jeff S Pettis descrive gli effetti del coleottero negli USA, la regione dove il danno è stato più severo. Nel Capitolo Sei, Christian Pirk e colleghi descrivono gli effetti del coleottero nel suo range nativo, l'Africa sub-Sahariana, su uno dei suoi ospiti naturali, A. m. scutellata. In ultima nel Capitolo Sette,

4

Fig. 4. Partecipanti alla giornata divulgativa COLOSS. Photo: Norman L Carreck.

Robert Spooner-Hart e colleghi descrivono gli effetti di Aethina in Australia, sia sulle api europee che sulle api native (stingless bees).

Spero che le conoscenze combinate di questi scienziati con esperienza pratica diretta del coleottero *Aethina tumida* possano aiutare gli apicoltori a controllare il parassita in qualunque zona esso sia presente.

Riferimenti bibliografici

Al Toufailia, H., Alves, D. A., Bená, D. C., Bento, J. M. S., Iwanicki, N. S. A., Cline, A. R., Ellis, J. D. & Ratnieks, F. L. W. (2017) First record of small hive beetle, *Aethina tumida* Murray, in *South America. Journal of Apicultural Research*, 56(1), 76-80.
http://dx.doi.org/10.1080/00218839.2017.1284476

Bailey, L. & Ball, B. V. (1991). *Honey bee pathology*. Academic Press; London, UK. 193 pp. ISBN: 0-12-073481-8

Buchholz, S. B., Schäfer, M. O., Spiewok, S., Pettis, J. S., Duncan, M., Ritter, W., Spooner-Hart, R. & Neumann, P. (2008). Alternative food sources of *Aethina tumida* (Coleoptera: Nitidulidae). *Journal of Apicultural Research*, 47(3), 202-209.
http://dx.doi.org/10.3896/IBRA.1.47.3.08

Cabanillas, H. E. & Elzen, P. J. (2006). Infectivity of entomopathogenic nematodes (Steinernematidae and Heterorhabditidae) against the small hive beetle *Aethina tumida* (Coleoptera: Nitidulidae). *Journal of Apicultural Research*, 45(1), 49-50.
http://dx.doi.org/10.1080/00218839.2006.11101314

Cervancia, C. R., de Guzman, L. I., Polintan,, E. A., Dupo, A. L. B. & Locsin, A. A. (2016) Current status of small hive beetle infestation in the Philippines. *Journal of Apicultural Research*, 55(1), 74-77.
http://dx.doi.org/10.1080/00218839.2016.1194053

de Guzman, L. I., Frake, A. & Rinderer, T. E. (2008). Detection and removal of brood infested with eggs and larvae of small hive beetles (*Aethina tumida* Murray) by Russian honey bees. *Journal of Apicultural Research*, 47(3), 216-221.
http://dx.doi.org/10.3896/IBRA.1.47.3.10

Elzen, P. J., Baxter, J. R., Neumann, P., Solbrig, A., Pirk, C. W. W., Hepburn, H. R., Westervelt, D. & Randall, C. (2001) Behaviour of African and European sub-species of *Apis mellifera* towards the small hive beetle *Aethina tumida*. *Journal of Apicultural Research*, 40(1), 40-41. http://dx.doi.org/10.1080/00218839.2001.11101049

Hood, M. W. M. (2000). Overview of the small hive beetle, *Aethina tumida*, in North America. *Bee World*, 81(3), 129-137. http://dx.doi.org/10.1080/0005772X.2000.11099483

Hood, M. W. M. (2004). The small hive beetle, *Aethina tumida*: a review. *Bee World*, 85(3), 51-59. http://dx.doi.org/10.1080/0005772X.2004.11099624

IZSVe (2017). http://www.izsvenezie.com/aethina-tumida-in-italy/

Levot, G. W. (2008). An insecticidal refuge trap to control adult small hive beetle, *Aethina tumida* Murray (Coleoptera: Nitidulidae) in honey bee colonies. *Journal of Apicultural Research*, 47(3), 222-228. http://dx.doi.org/10.3896/IBRA.1.47.3.11

Morse, R. A. & Flottum, K. (Eds) (1997). *Honey bee pests, predators and diseases (3rd Ed.)*. A. I. Root Co.; Medina, Ohio, USA. 718 pp. ISBN: 0-936028-10-6

Mostafa, A. M. & Williams, R. N. (2002). New record of the small hive beetle in Egypt and notes on its distribution and control. *Bee World*, 83(3), 99-108. http://dx.doi.org/10.1080/0005772X.2002.11099549

Mutinelli, F. (2014). The 2014 outbreak of the small hive beetle in Italy. *Bee World*, 91(4), 88-89. http://dx.doi.org/10.1080/0005772X.2014.11417618

Mutinelli, F., Montarsi, F., Federico, G., Granato, A., Maroni Ponti, A., Grandinetti, G., Ferrè, N., Franco, S., Duquesne, V., Rivière, M.-P., Thiéry, R., Henrikx, P., Ribière-Chabert, M. & Chauzat, M.-P. (2014). Detection of *Aethina tumida* Murray (Coleoptera: Nitidulidae.) in Italy: outbreaks and early reaction measures. *Journal of Apicultural Research*, 53, 569-575. http://dx.doi.org/10.3896/IBRA.1.53.5.08

Neumann, P. & Ellis, J. D. (2008). The small hive beetle (*Aethina tumida* Murray, Coleoptera: Nitidulidae): distribution, biology and control of an invasive species. *Journal of Apicultural Research*, 47(3), 181-183. http://dx.doi.org/10.3896/IBRA.1.47.3.01

Neumann, P., Evans, J. D., Pettis, J. S., Pirk, C. W. W., Schäfer, M. O., Tanner, G. & Ellis, J. D. (2013). Standard methods for small hive beetle research. In *V. Dietemann, J. D. Ellis & P. Neumann (Eds) The COLOSS BEEBOOK: Volume II: Standard methods for* Apis mellifera *pest and pathogen research. Journal of Apicultural Research*, 52(4), http://dx.doi.org/10.3896/IBRA.1.52.4.19

Neumann, P., Hoffmann, D., Duncan, M., Spooner-Hart, R. & Pettis, J. S. (2012). Long-range dispersal of small hive beetles. *Journal of Apicultural Research*, 51(2), 214-215. http://dx.doi.org/10.3896/IBRA.1.51.2.11

Neumann. P., Pettis, J. S., Schäfer, M. O. (2016) *Quo vadis Aethina tumida*? Biology and control of small hive beetles. *Apidologie*, 47(3), 427-466. http://dx.doi.org/10.1007/s13592-016-0426-x

Neumann, P., Pirk C. W. W., Hepburn, H. R., Elzen, P. J. & Baxter, J. R. (2001). Laboratory rearing of small hive beetles *Aethina tumida* (Coleoptera, Nitidulidae). *Journal of Apicultural Research*, 40(3-4), 111-112. http://dx.doi.org/10.1080/00218839.2001.11101059

Palmeri, V., Scirtò, G., Malacrinò, A., Laudani, F. & Campolo, O. (2015). A new pest for European honey bees: first report of *Aethina tumida* Murray (Coleoptera Nitidulidae) in Europe. *Apidologie*, 46(4), 527-529. http://dx.doi.org/10.1007/s13592-014-0343-9

Quigley, A. S. (2015) The nightmare returns for Calabrian beekeepers. One year on and SHB is back to haunt them! *Bee World*, 92(2) 42. http://dx.doi.org/10.1080/0005772X.2015.1118967

Spiewok, S. & Neumann, P. (2012). Sex ratio and dispersal of small hive beetles. *Journal of Apicultural Research*, 51 (2), 216-217. http://dx.doi.org/10.3896/IBRA.1.51.2.12

Williams, G. R., Dietemann, V., Ellis, J. D. & Neumann, P. (2012). An update on the COLOSS network and the "BEEBOOK: standard methodologies for *Apis mellifera* research". *Journal of Apicultural Research*, 51(2), 151-153. http://dx.doi.org/10.3896/IBRA.1.51.2.01

Valério da Silva, M. J. (2014). The first report of *Aethina tumida* in the European Union, Portugal, 2004. *Bee World*, 91(4), 90 -91. http://dx.doi.org/10.1080/0005772X.2014.11417619

Norman L Carreck[1,2]

[1]International Bee Research Association, 91 Brinsea Road, Congresbury, Bristol, BS49 5JJ, UK.
[2]Laboratory of Apiculture and Social Insects, University of Sussex, Falmer, Brighton, East Sussex, BN1 9QG, UK.
Email: norman.carreck@sussex.ac.uk

DUE

Aethina in Italia

Franco Mutinelli, Giovanni Federico, Fabrizio Montarsi, Anna Granato, Claudia Casarotto, Gianluca Grandinetti, Marie-Pierre Chauzat e Andrea Maroni Ponti

Introduzione

La prima rilevazione del piccolo coleottero dell'alveare, SHB, (*Aethina Tumida*) in Italia è stata effettuata il 5 settembre 2014 (Palmeri et *al.*, 2014), in tre nuclei di api situati in un frutteto di clementini in Calabria, in località Sovereto (N 38,45474 E 15,94110), comune di Gioia Tauro (Fig. 1). I tre nuclei erano fortemente infestati da adulti e larve di *Aethina*. Dopo questa scoperta, i tre nuclei sono stati chiusi e riportati alla Università "Mediterranea" di Reggio Calabria, dove sono stati distrutti ed immediatamente congelati. Una campionatura della specie infestante, circa 15 adulti e 15 larve, è stata presa per l'identificazione. I campioni sono stati identificati come *Aethina tumida* in base alle loro caratteristiche morfologiche. Il 10 settembre 2014, i campioni sono stati poi inviati al Laboratorio Nazionale di Riferimento italiano (LNR) (Istituto Zooprofilattico Sperimentale delle Venezie, Legnaro, Padova). La specie è stata confermata attraverso l'identificazione morfologica. Alcuni adulti e larve sono stati poi inviati al Laboratorio Europeo di Riferimento (LR UE) a Sophia Antipolis (Francia) dove la specie è stata confermata nuovamente attraverso l'identificazione morfologica, il 15 settembre, e successivamente, il 17 settembre 2014, attraverso tecniche di biologia molecolare. Il 18 settembre, il rilevamento di *Aethina* in Italia è stato segnalato all'OIE (Organizzazione mondiale per la salute animale) (Mutinelli, 2014; Mutinelli et *al*, 2014).

Il sito in cui *Aethina* è stata inizialmente scoperta è stato trattato usando il pesticida clorpirifos-metile il 5 settembre dal team dell'Università, e l'11 settembre, dal servizio veterinario assieme al team dell'Università. Il pesticida è stato mescolato con acqua e versato direttamente sul terreno con un mix di 20 l per 15 m² di superficie del suolo. Un terzo trattamento insetticida è stato applicato sul sito, spruzzando abbondantemente una soluzione all'1% di cipermetrina e tetrametrina (concentrazione rispettivamente di 6,85% e 1,25%) dopo aver arato il suolo, il 17 settembre. Due nuovi nuclei di api sono stati installati il 17 settembre nelle immediate vicinanze (50 m) del sito iniziale della scoperta dei nuclei infestati, e dotati di trappole (EH Thorne (Beehives) Ltd; Rand, UK) (Schäfer et *al*, 2008;. 2010). Le trappole sono state ridotte di dimensioni di due terzi in modo da adattarle all'utilizzo per i nuclei. *Aethina* adulti sono stati trovati nei nuclei il 10 ottobre, quindi i nuclei sono stati distrutti il 14 ottobre. Il terreno sotto e intorno agli alveari è stato in seguito abbondantemente spruzzato con una soluzione all'1% di cipermetrina e tetrametrina dalla squadra del servizio veterinario.

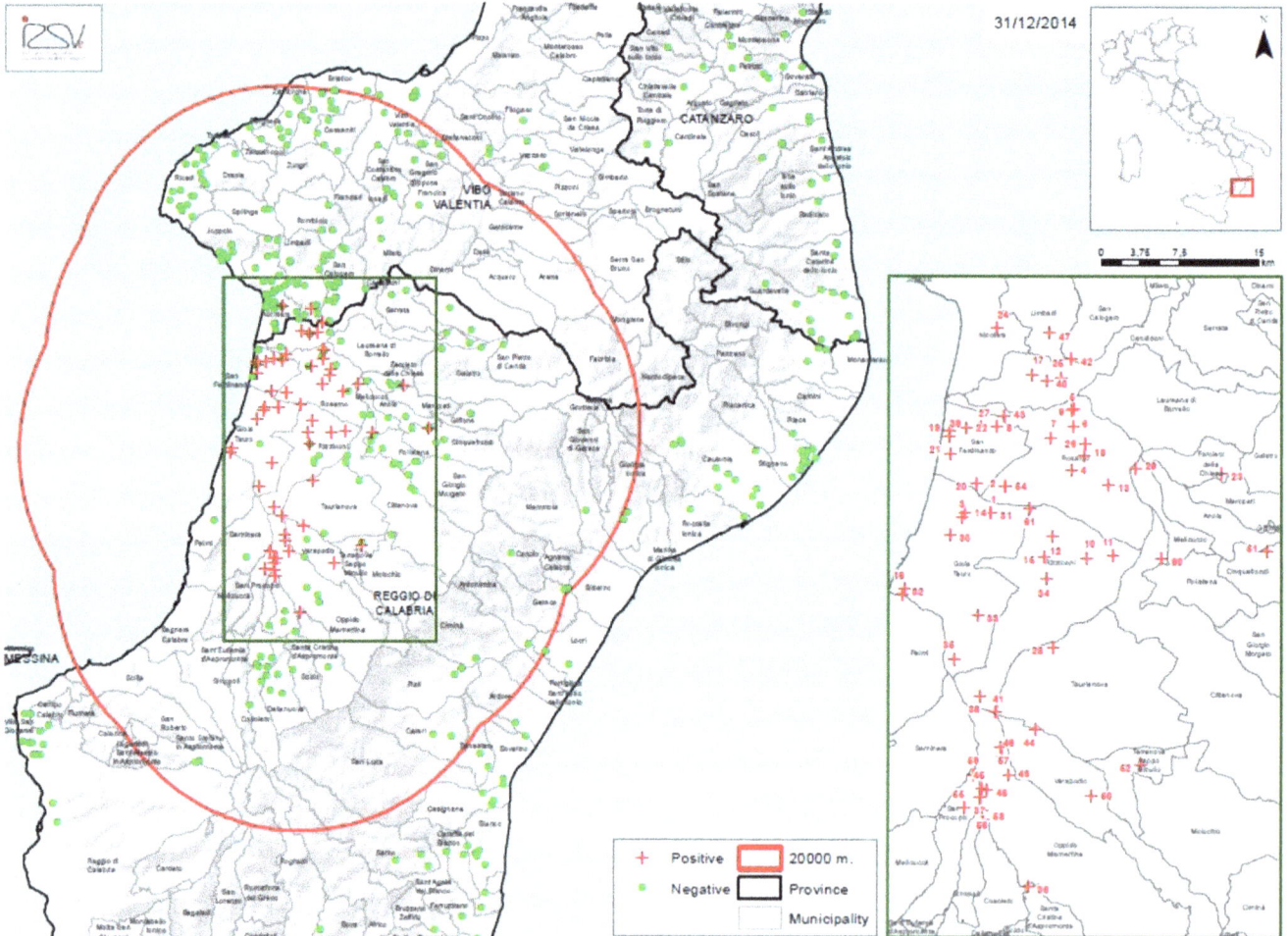

Fig. 1. Localizzaione degli apiari infestati da *Aethina* in Calabria (al 31 dicembre 2014). Croce rossa: apiario infestato. Puntino verde : apiario ispezionato, ma *Aethina* non rilevato. La zona di controllo (20 km da apiari infestati) è delineata dal cerchio rosso.

Nel mese di ottobre 2014, i tre nuclei infestati e precedentemente congelati sono stati attentamente analizzati dal LNR italiano che ha rivelato la presenza di 19 larve, di cui 12 rinvenute sulle api adulte e 7 sui favi. Il nucleo N°. 1 conteneva 4 larve, il nucleo N°. 2, 12 e il nucleo N°. 3, 3 larve . Non sono stati trovati coleotteri adulti.

Fig. 2. Scavo dell terreno presso il sito originale della scoperta.

Osservazioni sul campo

Il 17 settembre, abbiamo (FM , GF e MPC) scavato il terreno presso il sito della scoperta iniziale per la ricerca di pupe di *Aethina* (Fig 2). Sono state trovate cinque pupe di dittero e una larva di un grande coleottero (in base alle dimensioni e alle caratteristiche morfologiche non era *Aethina* ma probabilmente una specie xilofaga). Il terreno è stato poi arato e trattato con una soluzione all'1 % di cipermetrina e tetrametrina. Il 18 settembre, le trappole stabilite nei due nuclei di nuova installazione sono state controllate. Non sono stati trovati coleotteri.

Dal 16 al 17 Settembre 2014, una squadra composta da apicoltori, biologi e veterinari, tra cui tre autori di questo documento (FM, GF e MPC), ha visitato cinque apiari, tutti situati nelle vicinanze del sito di rilevamento del focolaio originale. Una percentuale di colonie compresa tra il 20 al 50% in ogni apiario è stata controllata per la presenza di *Aethina*. L'esaminazione di un alveare può fornire una diagnosi precoce d'infestazione dalla specie. Questa procedura viene eseguita con due persone, di solito l'apicoltore e il veterinario, uno per gestire la colonia e il secondo per raccogliere i coleotteri, con il seguente protocollo: rimuovere il tetto della colonia ed esaminare la parte interna del coperchio per la presenza di *Aethina* adulti. Posizionarlo a lato dell'alveare. Affumicare leggermente la colonia, rimuovere il favo più esterno dal melario o dal nido, e rapidamente esaminare entrambe le facce. Il favo viene quindi posto a lato dell'alveare e tutti i favi sono sottoposti alla stessa ispezione visiva uno per uno. Una volta ispezionati, ciascun favo viene subito reintrodotto nel melario e/o nel'nido nello stesso ordine usando lo spazio lasciato libero dal favo più esterno per impedire saccheggi. Anche le facce interne dell'alveare ed il fondo vengono esaminati attentamente. Quando tutti i telai e telaini sono stati ispezionati, si procede alla loro reintroduzione nella posizione originale e l'alveare è chiuso. Quando è presente il melario, sia i telai del melario che del nido devono essere tutti accuratamente esaminati. Questa procedura permette di rilevare sia adulti che larve di *Aethina*.

Durante la nostra visita abbiamo installato in ogni apiario dalle 5 a 27 trappole.

Aethina adulti sono stati rilevati il 17 settembre 2014 attraverso l'osservazione visiva in un apiario situato a 2 km dal sito di scoperta originale in località Collina, comune Rosarno, provincia di Reggio Calabria. Sei delle 41 colonie presenti in questo apiario sono state esaminate. *Aethina* sono stati osservati in quattro colonie. In totale, 7 adulti sono stati raccolti. Una serie di 27 colonie sono state dotate di trappole. Il 18 settembre, tutte le 41 colonie sono state ispezionate a fondo. Diciotto *Aethina* adulti sono stati raccolti da 12 alveari. Circa sei *Aethina* adulti sono scampati al campionamento volando via. Delle 27 trappole, due ospitavano *Aethina* adulti. In nessuna delle 41 colonie ispezionate sono state trovate covate distrutte. Delle quattro colonie positive a *Aethina* rilevate il giorno precedente, due sono risultate positive nuovamente il giorno successivo. L'intero apiario è stato distrutto secondo le normi vigenti.

Due nuclei deboli sono state collocati nello stesso sito di cui sopra il 4 novembre, e sono state trovati positivi ad *Aethina* (solo adulti) il 13 novembre 2014. Entrambi i nuclei sono stati distrutti il 14 novembre il 2014.

Quadro normativo europeo e nazionale

Aethina tumida è stato un parassita esotico per l'Europa fino al settembre 2014. Essendo una malattia soggetta ad obbligo di denuncia nell'Unione europea (Commissione europea, 1982; 1992; 2004) ed una delle malattie elencate OIE (OIE, 2014), ogni identificazione del parassita deve essere segnalata alla autorità nazionali competenti, alla Commissione europea e alla OIE. Inoltre gli Stati membri dell'Unione europea devono implementare programmi di sorveglianza passiva specificamente rivolti a questa specie (vedere il Capitolo 3 per ulteriori dettagli). Un contributo a questa attività deriva anche dal recente studio epidemiologico UE sulle perdite di colonie di api (Chauzat *et al.*, 2014). In caso di rilevazione, gli apiari contaminati devo essere distrutti. Nel caso specifico, delle trappole sono state installate in tutte le colonie situate negli apiari senza segni di infestazione (che significa cioè senza presenza di *Aethina* adulti, larve o favi danneggiati).

L'importazione di api è strettamente regolamentata nell'Unione europea. Solo le api regine e le accompagnatrici (20 massimo) possono essere importate in Europa secondo un rigoroso percorso di autorizzazione (Commissione Europea, 2010). I pacchi d'ape devono essere controllati nel luogo di origine e di destinazione. Inoltre, le api regine devono provenire da una zona di almeno 100 km di raggio non soggetta ad alcuna restrizione associata all'insorgenza di *Aethina* e dove questo parassita sia assente (Mutinelli, 2011). Nel 2004, i controlli effettuati sulle regine e le accompagnatrici di *Apis mellifera ligustica* legalmente importate nella regione di Alentejo, Portogallo, dal Texas, Stati Uniti d'America, hanno impedito una possibile introduzione di *A. tumida* (Murilhas, 2004; Neumann & Ellis,

2008; Valerio da Silva, 2014). Le api regine, le accompagnatrici, il candito e l'imballaggio, nonché gli apiari dove le regine sono state collocate prima della fine del controllo effettuato sull'interra partita importata, tutto è stato distrutto.

A seguito della confermata presenza di *Aethina* in Italia, una decisione esecutiva recante specifiche misure di protezione è stata pubblicata il 16 dicembre 2014 (Commissione Europea, 2014). L'Italia garantirà l'attuazione del divieto di spedizione ad altre aree dell'Unione di: i. api; ii. bombi; iii. prodotti apistici non trasformati; iv. attrezzature apistiche; e v. miele in favo destinato al consumo umano proveninente dalle zone elencate nell'allegato (tutto il territorio delle regioni Calabria e Sicilia), nonché lo svolgimento di ispezioni immediate e indagini epidemiologiche nella zona infestata. Questa decisione esecutiva doveva scadere il 31 maggio 2015, ma è stata prorogata fino al 30 novembre 2015 (Commissione Europea, 2015).

Inoltre, la Commissione ha chiesto all'EFSA di fornire assistenza tecnica e scientifica per quanto riguarda: 1. i metodi diagnostici attualmente utilizzati per la rilevazione di *Aethina* e le misure di riduzione dei rischi applicate nel mondo relativamente a *Aethina* negli apiari e nei centri di allevamento regine, nonché le misure applicate ai movimenti domestici delle colonie, regine e altri prodotti e sottoprodotti delle api; 2. le migliori pratiche o strategie da applicare in una zona infetta, al fine rispettivamente di eradicare o controllare la diffusione di *Aethina*. La relazione scientifica dell'EFSA sulla diagnosi di *Aethina* e le opzioni di gestione del rischio è stata pubblicata il 17 marzo 2015 (EFSA, 2015). Un parere scientifico dell'EFSA è previsto entro la fine del 2015.

Il laboratorio di riferimento della UE (EURL) per la salute delle api, in collaborazione con i centri di riferimento nazionali (LNR) della Germania, Regno Unito e Italia, ha prodotto un volantino per informare i servizi veterinari, professionisti del settore ed apicoltori sulla minaccia rappresentata da *Aethina* alle api al fine di individuare meglio eventuali focolai. Questo opuscolo è stato tradotto dall'inglese in altre lingue europee e diffuso in tutta l'Unione europea e altri paesi (Laboratorio di riferimento dell'Unione europea, 2015).

Dopo il rilevamento di *Aethina* in Italia, è stata stabilita una zona di protezione con un raggio di 20 km dalla sede iniziale del focolaio (Fig. 1). È stato anche vietato qualsiasi movimento di colonie e/o di materiale apistico all'interno di questa zona e tra questa zona e altre aree. In questa zona, tutti gli apiari devono essere visitati e un proporzionato numero di alveari completamente ispezionati. Questa proporzionamento era tale da rilevare la presenza di *Aethina* con una prevalenza stimata del 5% con un intervallo di confidenza (CI) del 95%. Pertanto il numero di colonie ispezionate varia a seconda del numero di colonie in un apiario. E' stata istituita una zona di sorveglianza con un raggio di 100 km dalla sede iniziale del focolaio (Fig. 3). In questa zona gli apiari sono stati campionati usando due metodologie: la presenza di fattori di rischio o, in

Region	Province	Positive	Negative
	CATANZARO	0	181
	COSENZA	0	300
Calabria	CROTONE	0	212
	REGGIO DI CALABRIA	57	198
	VIBO VALENTIA	3	140
	CALTANISSETTA	0	11
	CATANIA	0	60
Sicilia	ENNA	0	23
	PALERMO		7
	RAGUSA	0	79
	SIRACUSA	1	46

Fig. 3. Zona di sorveglianza (100 km dai focolai iniziali in Calabria e Sicilia) per *Aethina* in Italia (al 31 dicembre 2014). Croce rossa: apiario infestato. Puntino verde : apiario ispezionato, ma *Aethina* non rilevato.

mancanza, una selezione casuale di apiari entro la zona. Questo ci ha permesso di rilevare *Aethina* ad un livello di prevalenza stimato del 2% con un CI del 95% (cioè almeno 149 alveari selezionati in modo casuale). Le trappole (E H Thorne (Beehives) Ltd.; Rand, UK; o semplice foglio di plastica ondulato o Beetle Blaster (Mann Lake, MN, USA)) sono state installate in tutti gli alveari sotto sorveglianza. Le figure 1 e 3 mostrano i risultati delle ispezioni al 31 dicembre 2014. In Calabria *Aethina* è stata rilevata in 59 apiari ed in un colonia selvatica di api, in diciotto comuni estesi su due province (provincia con il numero di apiari infestati tra parentesi): Reggio Calabria (56 e una colonia selvatica) e Vibo Valentia (3). Ciò rappresenta un'area di oltre 316 km². Nella maggior parte dei casi, con l'eccezione di sei siti, tre a Gioia Tauro, uno rispettivamente a Rizziconi, Candidoni e Cittanova, comuni in cui sono state rilevate le larve (Figg 1a, b), soli *Aethina* adulti sono stati osservati. In un solo caso, un'unica pupa è stata trovata (comune di Gioia Tauro) nel terreno di un apiario infestato che conteneva anche adulti e larve di *Aethina*. Un solo *Aethina* adulto è stato trovato in una colonia naturale di api (comune di Gioia Tauro). La colonia ed i favi sono stati raccolti e le api uccise. Nessun altro *Aethina* adulto né larva é stato rilevato dopo un' accurata indagine dei favi e delle api di questa colonia naturale.

Tutti gli apiari infestati sono stati distrutti dal servizio veterinario in seguito alla decisione presa dal Ministero della Salute e condivisa dalle Associazioni nazionali apistiche nel corso della riunione svoltasi a Lamezia Terme (Calabria) il 22 settembre 2014 e ulteriormente confermata nella riunione dell'Unità di Crisi Nazionale tenutasi a Roma l'11 dicembre 2014. Un decreto del Ministero della Salute del 19 novembre 2014 ha garantito un risarcimento per le colonie e le attrezzature apistiche distrutte a causa di infestazioni di *A. tumida* ai sensi della Legge italiana 218/1988 (http: // www.trovanorme.salute.gov.it/norme/ dettaglioAtto?id=50871).

La distruzione degli apiari è stata effettuata in base ad un protocollo comune che prevede la chiusura degli alveari in serata, l'uccisione delle api utilizzando anidride solforosa nebulizzata, e la bruciatura delle colonie sul posto. Il terreno è stato abbondantemente trattato dopo averlo arato applicando una soluzione all'1% di cipermetrina e tetrametrina facendo uso d'un prodotto commercialmente disponibile.

La copertura del territorio dove si trovavano gli apiari infestati è composta al 38.98% di alberi da frutto e piantagioni di bacche, 25,42% di oliveti, 20,34% da colture annuali associate a colture permanenti, 5,08% da terreni arabili non irrigati, 3,40% tessuto urbano continuo e modelli colturali complessi, e 1,69% da siti di costruzione e principalmente occupati dall'agricoltura, con significative aree di vegetazione naturale (Corine, 2006). Il suolo della zona in cui sono stati rilevati gli apiari infestati è sabbioso, morbido, caldo e asciutto (Provincia di Reggio Calabria e di Vibo Valentia, 2013). La zona è inoltre molto ventilata a causa della vicinanza al mare.

Oltre ai 60 siti infestati in Calabria, molti altri apiari sono stati visitati, senza segnalare alcuna presenza di *Aethina* alla data del 7 luglio 2015: 222 alveari all'interno della zona di protezione (20 km dai siti infestati); 452 alveari all'interno della zona di sorveglianza (100 km); e 356 alveari al di fuori delle due zone, per un totale di 1.030 apiari nel 2014. Da gennaio a luglio 2015, 782 apiari sono stati visitati in tutto il territorio della regione Calabria.

Il 7 novembre 2014 *Aethina* è stato rilevato in un apiario da nomadismo composto da 56 alveari che si trova nel comune di Melilli, provincia di Siracusa, Sicilia (Fig. 2).

L'indagine epidemiologica effettuata dal servizio veterinario locale ha dimostrato che questi alveari erano stati precedentemente nella zona della prima segnalazione di *Aethina* (Gioia Tauro, nella regione Calabria) da aprile ad agosto 2014. Dal 7 luglio 2015, nessuna ulteriore rivelazione di *A. tumida* in Sicilia è stata riportata in base all'ispezione svolta in 15 apiari all'interno della zona di protezione (10 km dai siti infestati), 202 nella zona di sorveglianza (100 km) e 11 al di fuori delle due zone per un totale di 228 apiari nel 2014 (Fig. 2). Tra gennaio e luglio 2015, 318 apiari sono stati visitati in tutto il territorio della regione Sicilia.

I risultati dell'indagine di campo sono disponibili sui siti internet del Laboratorio di riferimento nazionale italiano: http://www.izsvenezie.com/aethina-tumida-in-italy/ e del Laboratorio di riferimento della UE: https://sites.anses.fr/en/minisite/abeilles/eurl-bee-health-home/.

Un'indagine di campo preliminare che mirava a rilevare *Aethina* nei frutti marcescenti dei frutteti di agrumi e kiwi in Calabria è stata effettuata tra dicembre 2014 e gennaio 2015. Tra i campioni raccolti, sette diverse specie di Nitidulidi non *Aethina* sono stati individuati sugli agrumi marci, mentre non sono stati rilevati coleotteri tra i kiwi marci. Inoltre, nessun *Aethina* è stato rilevato sugli agrumi marci (Mutinelli *et al.*, in corso di stampa).

Ipotesi sull'introduzione di *Aethina* in Italia

Come indicato nella valutazione del rischio effettuata dall'Autorità europea per la sicurezza alimentare, ci sono diversi scenari possibili per l'introduzione di *Aethina* in Europa (EFSA, 2013). Il porto di Gioia Tauro si trova vicino al primo apiario infestato. Circa 2,5 milioni di container arrivano ogni anno nel porto che è lungo 7,5 km. Essendo una piattaforma di transizione, la maggior parte dei contenitori subiscono controlli documentali e dei sigilli, e poi vengono trasferiti dalla nave madre alle navi figlie e inviati alla loro destinazione finale. Prima del trasferimento su altre navi più piccole o sui camion per arrivare alla loro destinazione finale, controlli fisici e d'identità vengono eseguiti su una porzione di merci, in linea con le indicazioni della Commissione europea (controlli doganali, ispezioni fitosanitarie, controlli sanitari animali, cioè posti frontalieri di ispezione veterinaria (BIP) , ecc). La lista dei porti d'origine / carico dei container che sono arrivati nel porto di Gioia Tauro tra gennaio e agosto 2014 è stata richiesta alle autorità competenti. Il porto di Gioia Tauro (Reggio Calabria) non è un porto autorizzato per quanto concerne l'introduzione di animali vivi.

Nessuno sciame di api era stato notato nel porto prima della notifica della presenza di *Aethina* in Italia, anche se un nido di vespe era stato osservato una volta due anni prima dell'evento.

Anche l'importazione illegale di api e prodotti dell'alveare è un evento da considerare. Questa zona molto trafficata del sud Italia è soggetta a molti movimenti di colonie di api, nonché attrezzature apistiche. Nel territorio pianeggiante della provincia di Reggio Calabria, ogni anno, a partire dal mese di aprile per la fioritura degli agrumi, il numero di colonie di solito raddoppia da 10.000 a 20.000. Le colonie provengono principalmente dalla Sicilia e da altre parti d'Italia per sfruttare le risorse nettarifere disponibili, tra cui agrumi, eucalipto e castagno. Dopo il flusso nettarifero le colonie vengono riportate al loro luogo di origine, facilitando così la possibile diffusione di *Aethina*. Questa zona è una fonte significativa di api e api regine per l'Italia e l'Europa, a anche per altri continenti, rendendo la produzione di miele quasi un'attività secondaria. Da questo punto di vista, il possibile impatto di *Aethina* sul settore della produzione apistica nell' Italiana meridionale è devastante. In seguito alle prime misure di reazione adottate dal Ministero della Salute, è stato richiesto al personale del servizio veterinario delle regioni di indagare su qualsiasi movimento di api a rischio (cioè apicoltura nomade nel corso del 2014), ovvero commercio di api vive (cioè api regine e pacchi d'ape) e attrezzature apistiche (Ordine 0018842-P-12/09/2014 e 0020069-01 / 10/2014-DGSAF-COD_UO-P). Analoga attività è in corso anche in altri paesi europei. Oltre alle misure adottate per la regione Calabria (Ordine Regionale N. 94 del 19/09/2014), un programma di sorveglianza nazionale per l'individuazione di *A. tumida* è stato definito e ulteriormente rivisto secondo gli orientamenti dell'UE per la sorveglianza dell'infestazione da *Aethina* (Chauzat *et al.*, 2015). Vedere il Capitolo 3 per ulteriori dettagli.

Considerando che il terreno in questa zona è sabbioso, caldo e asciutto (Provincia di Reggio Calabria e Vibo Valentia, 2013) e che la zona è molto ventilata a causa della vicinanza del mare, si può ipotizzare che le condizioni non siano molto favorevoli per *A. tumida*. Si può dunque anche ipotizzare che *Aethina* sia stato presente molto prima del suo rilevamento, e che quindi il rischio di movimenti accidentali altrove è molto maggiore. Ciò è stato confermato dal rilevamento di *A. tumida* in alveari dell'apiario nomade della Sicilia che era stato a Gioia Tauro (Calabria) da aprile ad agosto 2014.

In seguito a questa considerazione ed alle analisi del rischio, i servizi veterinari regionali di tutte le regioni italiane stanno procedendo con le ispezioni degli apiari e delle colonie. Sono necessarie azioni rapide per capire il prima possibile in che misura *Aethina* si sia diffuso dal suo sito di rilevamento iniziale. Queste informazioni sono necessarie per definire la strategia per un'eventuale eliminazione del parassita (quella attualmente adottata), per modificare questa strategia se necessario o, nel peggiore dei casi (nel caso *Aethina* si stabilisca come un parassita endemico), sostituire la politica di eradicazione con una basata sul controllo.

Conclusioni

Da questo primo rapporto, vale la pena notare che l'ispezione visiva delle colonie è risultata molto più precisa rispetto all'uso di trappole. Il rilevamento di *Aethina* era molto variabile a seconda del metodo (rilevamento visivo o trappole), probabilmente a causa della bassa prevalenza dei coleotteri adulti negli alveari al momento dell'osservazione. Si consiglia di lasciare le trappole nell'alveare per almeno 48 ore prima dell'esaminazione (Neumann *et al.*, 2013). Tuttavia, fino a quando ulteriori dati sono disponibili, si consiglia di eseguire un controllo visivo approfondito delle colonie per rilevare la presenza di *Aethina* utilizzando le trappole come uno strumento utile ma complementare, dal momento che non possono sostituire l'ispezione visiva.

Le prime misure di reazione adottate dal Ministero della Salute Italiana sono state volte al contenimento ed, eventualmente, all'eradicazione di *Aethina* nelle regioni Calabria e Sicilia. Secondo i dati forniti dalle attività di sorveglianza effettuate nelle regioni infestate, l'infestazione sembra essere confinata ad una zona limitata della regione Calabria (zona di protezione) ed ad un singolo focolaio in Sicilia. Purtroppo, la stagione invernale ha impedito la prosecuzione dell' intensa attività di sorveglianza svolta da settembre a dicembre 2014. Non appena sarà possibile la ripresa di questa attività nella zona infestata nonché nel resto d'Italia, ci si aspetta che la disponibilità di nuovi dati fornirà un quadro più chiaro e affidabile della situazione. Dopodiché potranno essere effettuate valutazioni appropriate e decisioni circa la strategia attualmente implementata.

Ringraziamenti

Gli autori desiderano ringraziare gli apicoltori ed i servizi veterinari regionali e locali per la loro collaborazione. Si ringrazia il Sig. Francesco Artese per la collaborazione professionale e spassionata con i servizi veterinari e gli apicoltori durante le indagini sul campo, la Sig.ra Monica Lorenzetto e Luciana Barzon per il loro contributo alla gestione dei dati e alla preparazione delle mappe.

Riferimenti bibliografici

Chauzat, M.-P., Laurent, M., Riviere, M-P., Saugeon, C., Hendrikx, P., & Ribiere-Chabert, M. (2014). *A pan-European epidemiological study on honey bee colony losses 2012-2013*. European Union Reference Laboratory for honey bee health (EURL); Sophia-Antipolis, France. http://ec.europa.eu/food/animals/live_animals/bees/docs/bee-report_en.pdf

Chauzat, M.-P., Laurent, M., Brown, M., Kryger, P., Mutinelli, F., Roelandt, S. & Hendrikx, P. (2015). *Guidelines for the surveillance of the small hive beetle (Aethina tumida) infestation*. European Union Reference Laboratory for honey bee health (EURL); Sophia-Antipolis, France. 19 pp. https://sites.anses.fr/en/minisite/abeilles/eurl-bee-health-home

Corine Land Cover. (2006). *(CLC2006) 100 m - version 12/2009*. http://www.eea.europa.eu/data-and-maps/data/corine-land-cover-2006-clc2006-100-m-version-12-2009.

Cuthbertson, A. G. S., Wakefield, M. E.; Powell, M. E., Marris, G., Anderson, H., Budge, G. E. & Brown, M. A. (2013). The small hive beetle *Aethina tumida*: A review of its biology and control measures. *Current Zoology*, 59, 644–653. http://www.currentzoology.org/paperdetail.asp?id=12275

European Commission. (1982). Council Directive 82/894/EEC of 21 December 1982 on the notification of animal diseases within the Community. *Official Journal of the European Union*, L378, 31 December1982, pp.58–62.

17

European Commission. (1992). Council Directive 92/65/EEC of 13 July 1992 laying down animal health requirements governing trade in and imports into the Community of   animals, semen, ova and embryos not subject to animal health requirements laid down in specific Community rules referred to in Annex A (I) to Directive 90/425/EEC. *Official Journal of the European Union,* L268: 14 September 1992, pp. 54-72. [as amended by Commission Regulation (EC) No. 1398/2003 of 5 August 2003 amending Annex A to Council Directive 92/65/EEC to include the small hive beetle (*Aethina tumida*), the Tropilaelaps mite (*Tropilaelaps* spp.), Ebola and monkey pox. *Official Journal of the European Union,* L198: 6 August 2003, p. 3].

European Commission. (2004). Commission Decision of 1 March 2004 amending Council Directive 82/894/EEC on the notification of animal diseases within the Community to include certain equine diseases and certain diseases of bees to the list of notifiable diseases. (2004/216/EC). *Official Journal of the European Union,* L67, 5 March 2004, pp. 27-30.

European Commission. (2010). Commission Regulation (EU) No. 206/2010 of 12 March 2010 laying down lists of third countries, territories or parts thereof authorised for the introduction into the European Union of certain animals and fresh meat and the veterinary certification requirements. *Official Journal of the European Union,* L73, 20 March 2010, 120 pp.

European Commission. (2014). Commission Implementing Decision of 12 December 2014 concerning certain protective measures with regard to confirmed occurrences of the small hive beetle in Italy. (2014/909/EU). *Official Journal of the European Union,* L359, 16 December 2014, pp. 161-163.

European Commission. (2015). Commission Implementing Decision of 28 May 2015 amending Implementing Decision 2014/909/EU by extending the period of application of the protection measures in relation to the small hive beetle in Italy. (2015/838/EU). *Official Journal of the European Union,* L132, 29 May 2015, pp. 86-87.

European Food Safety Authority. (2013). Scientific opinion on the risk of entry of *Aethina tumida* and *Tropilaelaps* spp. in the EU. *EFSA Journal,* 11, 3128. http://dx.doi.org/doi:10.2903/j.efsa.2013.3128

European Food Safety Authority. (2015). EFSA scientific report on small hive beetle diagnosis   and risk reduction options. *EFSA Journal,* 13, 4048. http://dx.doi.org/doi:10.2903/j.efsa.2015.4048

European Union Reference Laboratory. (2015) *Small hive beetle.* ANSES; France. 2 pp. https://sites.anses.fr/en/system/files/SHB_For_beekeepers_2015feb_0.pdf

Murilhas, A. M. (2004). *Aethina tumida* arrives in Portugal. Will it be eradicated? *EurBee Newsletter,* 2, 7-9.

Mutinelli, F. (2011). The spread of pathogens through trade in honey bees and their products (including queen bees and semen): overview and recent developments. *Revue Scientifique et Technique de l'Office International des Epizooties*, 30, 257-271. http://web.oie.int/boutique/index.php?page=ficprod&id_prec=945&id_produit=1062&lang=en&fichrech=1&PHPSESSID=bdb97a30dd3f9558ddde00714cbb6356

Mutinelli, F. (2014). The 2014 outbreak of the small hive beetle in Italy. *Bee World*, 91(4), 88-89. http://dx.doi.org/10.1080/0005772X.2014.11417618

Mutinelli, F., Montarsi, F., Federico, G., Granato, A., Maroni Ponti, A., Grandinetti, G., Ferrè, N., Franco, S., Duquesne, V., Rivière, M.-P., Thiéry, R., Henrikx, P., Ribière-Chabert, M. & Chauzat, M.-P. (2014). Detection of *Aethina tumida* Murray (*Coleoptera: Nitidulidae.*) in Italy: outbreaks and early reaction measures. *Journal of Apicultural Research*, 53, 569-575. http://dx.doi.org/10.3896/IBRA.1.53.5.08

Mutinelli, F., Federico, G., Carlin, C., Montarsi, F. & Audisio, P. (2015). Preliminary investigation on other Nitidulidae beetles species occurring on rotten fruits in Reggio Calabria province (South west of Italy) infested with small hive beetle (*Aethina tumida*). *Journal of Apicultural Research*, 54(3), 233-235. http://dx.doi.org/10.1080/00218839.2016.1142733.

Neumann, P. & Ellis, J. D. (2008). The small hive beetle (*Aethina tumida* Murray, Coleoptera: Nitidulidae): distribution, biology and control of an invasive species. *Journal of Apicultural Research*, 47(3), 181-183. http://dx.doi.org/10.3896/IBRA.1.47.3.01

Neumann, P. & Hoffmann, D. (2008). Small hive beetle diagnosis and control in naturally infested honey bee colonies using bottom board traps and CheckMite + strips. *Journal of Pest Science*, 81, 43-48. http://dx.doi.org/doi:10.1007/s10340-007-0183-8

Neumann, P., Evans, J. D., Pettis, J. S., Pirk, C. W. W., Schäfer, M. O., Tanner, G. & Ellis, J. D. (2013). Standard methods for small hive beetle research. In *V. Dietemann, J. D. Ellis & P. Neumann (Eds) The COLOSS BEEBOOK: Volume II: Standard methods for* Apis mellifera *pest and pathogen research. Journal of Apicultural Research*, 52(4), http://dx.doi.org/10.3896/IBRA.1.52.4.19

Office International des Epizooties (2014). Infestation with *Aethina tumida* (Small hive beetle) Chapter 9.4. In *Terrestrial Animal Health Code*. OIE (World Organisation for Animal Health); Paris, France. http://www.oie.int/index.php?id=169&L=0&htmfile=chapitre_aethina_tumida.htm

Office International des Epizooties (2014). Small hive beetle infestation (*Aethina tumida*) (NB: Version adopted in May 2013) Chapter 2.2.5. In *Manual of Diagnostic Tests and Vaccines for Terrestrial Animals*. OIE (World Organisation for Animal Health); Paris, France. http://www.oie.int/fileadmin/Home/eng/Health_standards/tahm/2.02.05_SMALL_HIVE_BEETLE.pdf

Palmeri, V., Scirtò, G., Malacrinò, A., Laudani, F. & Campolo, O. (2015). A new pest for European honey bees: first report of Aethina tumida Murray (Coleoptera Nitidulidae) in Europe. *Apidologie,* http://dx.doi.org/10.1007/s13592-014-0343-9

Province di Reggio Calabria e di Vibo Valentia (2013). Comuni di Rosarno - Feroleto della Chiesa - Laureana di Borrello - Rizziconi - Serrata - San Pietro di Caridà - San Calogero. Piano Strutturale Associato (P.S.A.) e Regolamento Edilizio e Urbanistico (R.E.U.). *Quadro Conoscitivo Territoriale - Indagini Geologiche Relazione Descrittiva.* 64 pp. www.comune.rosarno.rc.it/dms/ Comune/PSA/relazioni/SSG_Rel.pdf

Schäfer, M. O., Pettis, J. S., Ritter, W., Neumann, P. (2008). A scientific note on a quantitative diagnosis of small hive beetles, Aethina tumida in the field. *Apidologie,* 39, 564-565. http://dx.doi.org/doi:10.1051/apido:2008038

Schäfer, M. O., Pettis, J. S., Ritter, W. & Neumann, P. (2010). Simple small hive beetle diagnosis. *American Bee Journal,* 150, 371-372.

Valério da Silva, M. J. (2014). The first report of Aethina tumida in the European Union, Portugal, 2004. *Bee World,* 91(4), 90-91. http://dx.doi.org/10.1080/0005772X.2014.11417619

Franco Mutinelli[1], Giovanni Federico[2], Fabrizio Montarsi[1], Anna Granato[1], Claudia Casarotto[1], Gianluca Grandinetti[3] Marie-Pierre Chauzat[4,5] and Andrea Maroni Ponti[6]

[1]Istituto Zooprofilattico Sperimentale delle Venezie, NRL for beekeeping, viale dell'Universita' 10, 35020 Legnaro (Padova), Italy. E-mail: fmutinelli@izsvenezie.it
[2]Istituto Zooprofilattico Sperimentale del Mezzogiorno, Sezione di Reggio Calabria, Via Nazionale 5, 89068 San Gregorio (RC), Italy.
[3]Task Force per le Attività Veterinarie, Regione Calabria, Via S. Nicola, 88100 Catanzaro (CZ) Italy.
[4]ANSES, Honey bee Disease Unit, European Reference Laboratory for honey bee health, 105 Routè des Chappes – CS 20111, 06902 Sophia Antipolis, France.
[5]ANSES, Unit of Coordination and Support to Surveillance, 14 Rue Pierre et Marie Curie, 94701 Maisons-Alfort, France.
[6]Ministero della Salute, DGSAF, via G. Ribotta 5, 00144 Rome, Italy.

TRE

La sorveglianza di *Aethina tumida* in Europa.

Marie-Pierre Chauzat, Marion Laurent, Mike Brown, Per Kryger, Franco Mutinelli, Sophie Roelandt, Stefan Roels, Yves Van Der Stede, Marc O. Schäfer, Stéphanie Franco, Véronique Duquesne, Marie-Pierre Riviere, Magali Ribiere-Chabert e Pascal Hendrikx.

Introduzione

Come già descritto nel capitolo secondo, *Aethina* è stato identificato per la prima volta in Italia nella provincia di Reggio Calabria, il 5 settembre 2014 (Mutinelli, 2014;. Mutinelli *et al*, 2014;. Palmeri *et al*, 2015). Adulti e larve del coleoottero inviati al Laboratorio di riferimento per la salute delle api dell'Unione europea (EURL) a Sophia Antipolis (Francia), sono stati confermati appartenere alla specie *Aethina tumida* attraverso l'identificazione morfologica e la diagnostica molecolare, il 17 settembre 2014. Il 18 settembre la presenza della specie *Aethina tumida* in Italia è stata confermata e notificata alla OIE (Organizzazione mondiale per la salute animale).

Ad oggi (luglio 2015), più di 1.900 alveari sono stati ispezionati in Calabria e oltre 500 apiari in Sicilia. *A. tumida* è stata confermata in 61 apiari situati entro un raggio di 20 km in due province della regione Calabria (Reggio Calabria e Vibo Valentia) con una sola eccezione in Sicilia (un apiario in provincia di Siracusa, direttamente collegato al rientro di un apiario nomade da Reggio Calabria). 3.132 colonie di api sono state distrutte dopo la scoperta di *A. tumida* negli apiari (vedi Capitolo due per maggiori dettagli). Dopo l'inverno 2015, una volta ricominciate le visite agli apiari, e ad oggi (luglio 2015), 782 apiari sono stati visitati nella zona della Calabria e 318 in Sicilia. Nessun altro focolaio di *A. tumida* è stato rilevato dal dicembre 2014.

Aethina era stato precedentemente rilevato in Portogallo nel 2004 durante un controllo su api regine importate dal Texas, Stati Uniti d'America. Tutti i materiali importati sono stati distrutti e la stessa misura è stata adottata per gli apiari in cui le regine importate erano state temporaneamente introdotte. In seguito all'attuazione di queste misure, nessuna ulteriore rilevazione di *Aethina* si era verificata in Portogallo ed in Europa (Murilhas, 2004; Valério da Silva, 2014).

Alla data odierna le popolazioni di *Aethina* in Calabria sono considerate basse. La diffusione di *Aethina* è stata ampiamente documentata in altri paesi (Stati Uniti d'America in particolare - si veda il Capitolo 5). Tuttavia, ad oggi in Italia, non è del tutto chiaro se la tracciabilità di tutti i movimenti dell'apiario/ colonia sia stata pienamente coperta, particolarmente al di fuori della zona di sorveglianza. I servizi veterinari italiani insieme agli apicoltori italiani hanno lavorato duramente, e continuano a sorvegliare, per contenere *Aethina* in Calabria, sterminando migliaia di colonie per evitare l'insediamento definitivo e / o una ulteriore diffusione in Europa. Il piano di gestione della contingenza sul campo in Italia è stato progettato infatti per ridurre il rischio che questo nuovo parassita possa stabilirsi più ampiamente in Europa e, nel caso dovesse stabilirsi, al fine di mantenere le popolazioni di *Aethina* ad un livello molto basso. Queste linee guida hanno lo scopo di fornire consulenza agli Stati membri in materia di sorveglianza degli apiari e diagnosi precoce di *Aethina* per ridurre i rischi di contagio verso altri paesi europei.

Questo capitolo illustra le linee guida elaborate nel 2015 dall'EURL e dai laboratori di riferimento nazionali del Belgio, Danimarca, Germania, Italia e Regno Unito per sostenere gli Stati membri con l'attuazione di un piano basato sulla valutazione del rischio (Chauzat *et al.*, 2015).

Diffusione di *Aethina*

Come già documentato negli Stati Uniti (Hood, 2004), la diffusione dell' infestazione all'interno di un territorio è determinata principalmente dai seguenti fattori:

1. Il clima e la stagione. Il ciclo biologico di *Aethina* dipende dalle condizioni di temperatura ed umidità. Sebbene *Aethina* sia in grado di resistere a temperature fredde, il più alto impatto è solitamente facilitato da alte temperature e umidità (vedi capitolo 4).

2. La natura del terreno. Terreno sabbioso umido e morbido è favorevole all'impupamento di *Aethina*. L'umidità è un fattore limitante e vi è un minore impatto sulle colonie se non tenute in ombra.

3. La densità delle colonie nella zona. Vi è una maggiore diffusione nelle zone ad alta densità di alveari.

4. La struttura e l'organizzazione del settore apistico. Aree e percorsi di apicoltura nomade, importazione di apiari, produzione pacchi d'ape e / o nuclei, il commercio di attrezzature apistiche, stoccaggio del miele, ecc .

Contesto normativo europeo

Aethina è un parassita la cui identificazione richiede all'interno dell'Unione europea (Commissione europea, 1992) l'obbligo di denuncia alle autorità competenti. Denunciare la presenza di *Aethina* quando confermata è un requisito legale. Vi è quindi un obbligo per gli apicoltori di notificare qualsiasi rilevazione sospetta. Dopo la prima scoperta in Italia sono state implementate misure di protezione (Commissione europea, 2014; 2015). La spedizione di api, bombi, prodotti dell'alveare non trasformati, attrezzature apistica e miele in favo destinato all'alimentazione umana, è bandita dalle regioni infestate verso altre aree dell'Unione. La legislazione comunitaria vieta le importazioni di pacchi d'ape o colonie da Paesi terzi (con l'eccezione della Nuova Zelanda). È consentito importare api regine da un numero molto limitato di paesi al di fuori dell'UE (Commissione europea, 1992; 2010). Le disposizioni per l'importazione e le misure di protezione sono la principale difesa contro l'introduzione e la diffusione di *Aethina* in Europa. E 'quindi fondamentale che ogni autorità competente, e anzi ogni apicoltore, rispetti la normativa UE e garantisca una sorveglianza regolare.

Obbiettivi della sorveglianza

In un paese dove *Aethina* è considerato assente (ancora una minaccia esotica), gli obiettivi del programma di sorveglianza potrebbero essere quelli di: rilevare qualsiasi infestazione di *Aethina* in una fase iniziale, al fine di eradicare; dimostrare l'assenza di infestazioni del parassita per mantenere lo status del paese libero dall' infestazione.

Questo obiettivo dovrebbe essere specificato in relazione alle normative europee o nazionali e alle norme internazionali (OIE), soprattutto per quanto riguarda i criteri ufficiali per il riconoscimento di tale status.

Per un paese infestato, gli obiettivi sono compartimentazione e localizzazione per: dimostrare l'assenza di infestazione da *Aethina* e mantenere in alcune zone / comparti lo status di indenne da infestazione; identificare qualsiasi infestazione di *Aethina* in una fase iniziale, in modo di eradicarlo dalle zone colpite.

Metodi di sorveglianza

L'identificazione precoce può essere assicurata mediante la combinazione di una estesa sorveglianza d'infestazione (che copra tutto il territorio nazionale o la zona di sorveglianza) unita ad una sorveglianza passiva (segnalazione dei focolai) e ad una sorveglianza attiva (programmi di monitoraggio) nelle zone a rischio. Per l'intero programma di sorveglianza, l'unità epidemiologica considerata è l'apiario, che può contenere una o più colonie. Un apicoltore può possedere più di un apiario. Per identificare il numero di colonie da ispezionare all'interno di ogni apiario, in base alle dimensioni dell'apiario, alla prevalenza attesa e all'intervallo di confidenza di diagnostica, si invita a consultare lo schema di calcolo dell'unità di campionamento (Tabelle 1-4).

Sorveglianza dei focolai epidemici

Una efficace sorveglianza passiva dei focolai epidemici si basa sulla segnalazione dei casi sospetti da parte degli apicoltori (o di qualsiasi altri soggetto operante nel settore dell'apicoltura) alle autorità veterinarie competenti (Commissione europea, 1982; 1992). Questa sorveglianza deve coprire tutti gli apiari sul territorio nazionale e deve quindi essere promossa dall'autorità veterinaria competente verso l'intero settore usando tutti i canali di comunicazione (in-) formali esistenti. I criteri di segnalazione si basano sulla definizione di un caso sospetto. La sorveglianza di focalai epidemici può essere rafforzata in zone a rischio che abbiano caratteristiche corrispondenti ai criteri indicati di seguito.

Sorveglianza attiva

La sorveglianza attiva implica il campionamento di apiari in cui indagini siano in corso (Fig. 1). Questa sorveglianza è adatta sia per paesi liberi da *Aethina* nonché per quelli colpiti da infestazione. Il campionamento può essere progettato in vari modi, a seconda dell'obiettivo ricercato dallo Stato membro in termini di precisione e accuratezza (la precisione valuta la dispersione delle misure; l'accuratezza si riferisce agli errori sistematici) ed ai mezzi utilizzati per la sorveglianza (in particolare, personale formato e risorse). Le proposte di seguito riportate sono classificate dalla metodologia più robusta fino ad approcci più leggeri.

1. Campionatura mirata: selezione di apiari particolarmente a rischio di infestazione (in base alle pratiche apistiche), per la diagnosi precoce di infestazione.

2. Campionatura rappresentativa di tutti gli apiari registrati e situati in una zona considerata a rischio, per la diagnosi precoce di infestazione.

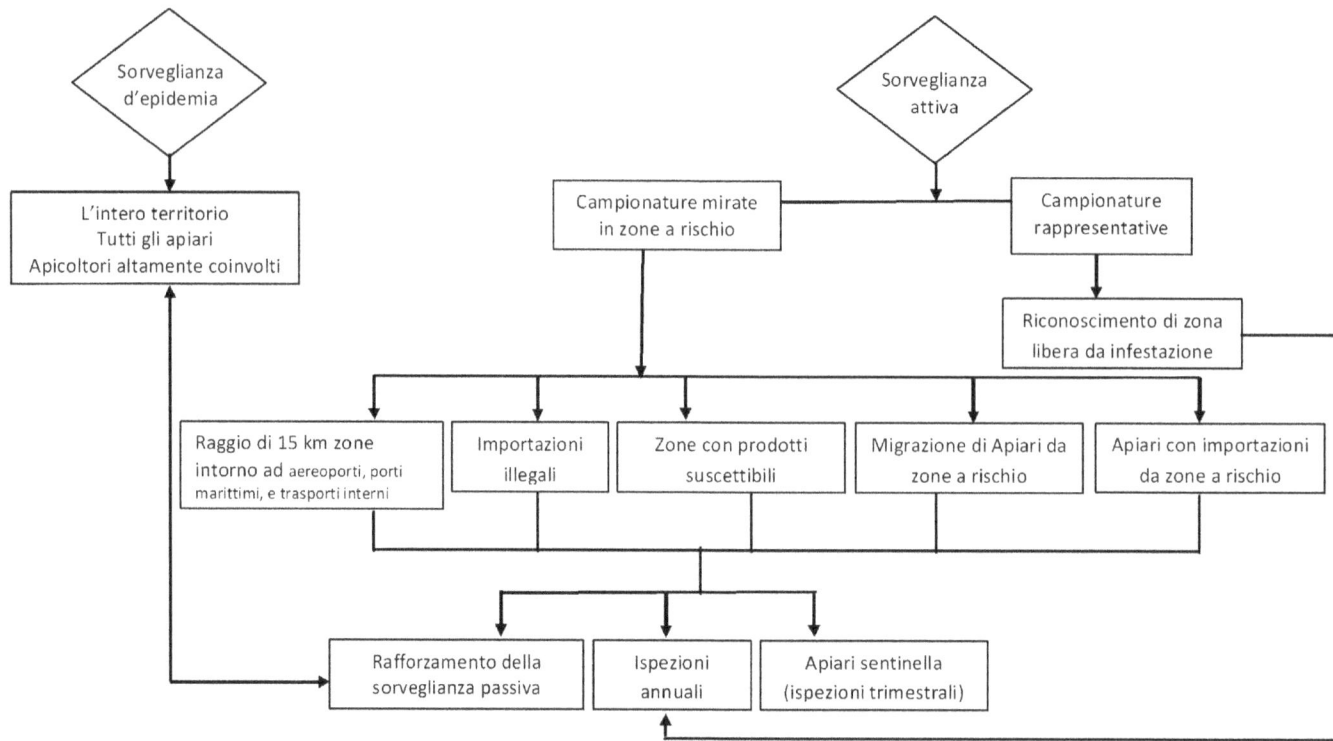

Fig. 1. Organigramma con i diversi tipi di sorveglianza e campionature necessarie.

3. Campionatura rappresentativa di tutti gli apiari registrati in parti o su tutto il territorio nazionale, per il riconoscimento dello status di zona / paese libero da infestazione, se questo è l'obiettivo della normativa.

Campionamento mirato (selezione) di apiari a rischio

I criteri di rischio d'infestazione di un apiario sono i seguenti: apiari che sono stati spostati negli ultimi 12 mesi verso o da una zona di protezione o di sorveglianza, o in una zona classificata come tale entro 12 mesi dalla loro

migrazione; apiari in cui sono stati importati, negli ultimi 12 mesi, regine, sciami o pacchi d'ape da una zona riconosciuta come infestata o classificata come tale entro 12 mesi dall'importazione.

Questi apiari devono essere registrati e controllati il più presto possibile dopo la loro identificazione come descritto di seguito. Un'ulteriore ispezione può essere pianificata in base al livello di rischio stimato e alla situazione specifica della zona da cui sono stati spostati, e in seguito ad eventi che diano nuova luce sui fattori di rischio. Un evento è una qualsiasi nuova informazione epidemiologica, come per esempio focolai rilevati retrospettivamente in una nuova area, la tracciabilità degli spostamenti, o da semplici informazioni di campo.

Campionamento rappresentativo in zone a rischio

I criteri per classificare una zona a rischio sono i seguenti: una zona di 15 km di raggio intorno ad un porto marittimo o un aeroporto internazionale dove sono importati prodotti a rischio: prodotti delle api (api, regine, covate, prodotti dell'alveare); prodotti dell'apicoltura (attrezzature apistica); altri prodotti contenenti api in senso più ampio (colonie o regine di *Bombus* spp); frutta o verdura matura (ad esempio, mele e banane); piante in vaso. Inoltre occorre segnalare che, in molti casi, una grande quantità di merci trasportate non viene aperta o gestita nei porti, ma altresì spostata nell'entroterra verso depositi merci.

Ciascuno Stato Membro valuterà altre zone di alto rischio a seconda delle necessità, per esempio, laddove le importazioni avvengono attraverso percorsi diversi rispetto ai porti marittimi. Anche le importazioni illegali devono essere incluse, per quanto possibile. Tuttavia, data la loro stessa natura illegale sono da considerare come improbabili da scoprire. Uno Stato membro potrebbe anche non sapere che alcunché si sia verificato e potrebbe dunque non essere in grado di sorvegliare. Tuttavia, gli Stati membri devono sempre essere in guardia. Per esempio in zone dove sono trasferite merci suscettibili, sia su strada o su rotaia, da aree di sorveglianza o identificate a rischio o da zone di protezione. Ogni singola zona a rischio del territorio deve essere compartimentata e tutti gli apiari situati in questa zona di rischio georeferenziati.

Tre tipi di azioni possono essere intraprese negli apiari in queste zone di rischio, nel seguente ordine di priorità, considerando che, a seconda della situazione, solo una o due delle azioni possono essere implementate:

1. Rafforzare la sorveglianza passiva: una strategia di comunicazione specifica è utilizzata per informare gli apicoltori, gli operatori sanitari delle api e altri operatori del settore apistico del rischio di infestazione di *Aethina* fornendo loro le conoscenze necessarie per individuare casi sospetti di infestazione da *Aethina* (Laboratorio di Riferimento dell'Unione Europea, 2015).

2. Ispezioni trimestrali di tre grandi apiari sentinella (minimo 10 colonie) posti in prossimità delle fonti di rischio più elevate (massimo 15 km dal porto, aeroporto, strada, rete ferroviaria). Questi dati sono forniti come base indicativa (numero di apiari e il numero di colonie per apiario sentinella) e devono essere perfezionati in base ad ulteriori informazioni, ad esempio, strumenti di previsione (modelli) e conoscenze epidemiologiche.

3. Controllo annuale (preferibilmente in tarda primavera a seconda del clima di ciascuno Stato Membro) di un campione casuale di apiari registrati per essere in grado di rilevare infestazioni, riguardante almeno il 5% degli apiari con un IC del 95% di rilevazione. Indipendentemente dalla dimensione della popolazione degli apiari nella zona definita a rischio, la dimensione massima della campionatura richiesta è di 59 apiari.

Campionatura rappresentativa su tutto il territorio nazionale (in base alle normative)

Le raccomandazioni che seguono sono fornite a titolo indicativo e devono essere affinate in bae alle imminenti normative nazionali o europee riguardanti il riconoscimento di zone o paesi liberi da infestazione. Il territorio nazionale può essere suddiviso in zone agro-ecologiche o geografiche con un rischio omogeneo di infestazione (esempio: l'apicoltura effettuata nelle zone montane sarà diversa da quella effettuata nelle praterie aride o nelle zone oceaniche). Ciascun Stato Membro dovrà avere piena conoscenza della struttura del proprio settore apistico a fini gerarchici. Ognuna di queste zone dovrà essere campionata al fine di rilevare infestazioni di *Aethina* con un minimo livello di prevalenza del 2% ed un IC del 95%. Indipendentemente dalla dimensione della popolazione degli apiari in ciascuna zona agroecologica, la dimensione massima della campionatura richiesta è di 149 apiari. La rilevanza di questi criteri di campionamento dovrà essere determinata in relazione alle normative nazionali o internazionali che istituiscono i limiti di prevalenza per il rilevamento. Questa stratificazione è necessaria per garantire che nel caso dei grandi Stati Membri l'intero paese non sia considerato come una sola popolazione esposta allo stesso rischio. Tuttavia, se studi ulteriori dimostreranno che l'intervallo di confidenza del processo di rilevamento non è al 100%, il numero massimo per una prevalenza del 2% dovrà essere superiore a 149 (per esempio, sarebbe 186 nel caso di una tecnica con un IC dell'80%) .

Aspetti pratici d'ispezione di un apiario

In ogni apiario del campione di sorveglianza, un certo numero di colonie deve essere ispezionato per essere in grado di rilevare infestazioni riguardanti almeno il 5% delle colonie con un IC del 95% (ciò significa che, a prescindere dalle dimensioni di apiario, non più di 59 colonie per apiario devono essere controllate se l'intervallo di confidenza della tecnica di indagine raggiunge il 100%). Per piccoli apiari (n <20), tutte le colonie devono essere ispezionate (Tabelle 1-4).

I dati forniti in questo documento riguardanti la progettazione, la prevalenza e la dimensione del campione si basano sul presupposto matematico che le tecniche di indagine abbiano un IC del 100%. Deve essere riconosciuto che le indagini/tecniche diagnostiche a livello di colonia non raggiungono il 100%, e che molto probabilmente l'intervallo di confidenza sia compreso tra il 90 e il 95%. Tuttavia, a livello di apiario (l'unità epidemiologica), considerando che in caso di un'infestazione più di una colonia è infestata, si può presumere che l'intervallo di confidenza della tecnica d'indagine è a tutti gli effetti 100%.

Una colonia è controllata come segue:

1. osservazione visiva dei telai: la rilevazione di *Aethina* attraverso l'osservazione dei telaini deve tener conto della

Tabella 1 a 4. (di fronte). Calcolatore della dimensioni di campionatura che indica il numero di colonie da visitare in un'arnia in base alle dimensioni dell'apiario e della prevalenza fissata.

Tabella 1. Numero di unità da ispezionare in modo da rilevare con una prevalenza del 2% ed un intervallo di confidenza del 100%.

Numero totali di unità (apiari) nella zona	50	100	200	300	400	500	600	700	800	900	1000	1500	2000	3000	3500	4000	5000	9000	>35000
Da ispezionare	48	78	105	117	124	129	132	134	136	137	138	142	143	145	146	146	147	148	149

Tabella 2. Numero di unità da ispezionare in modo da rilevare con prevalenza del 5% e un intervallo di confidenza del 100%.

Numero totali di unità (apiari) nella zona	50	100	200	300	400	500	600	700	800	900	1000	1500	2000	>4500
Da ispezionare	35	45	51	54	55	56	56	57	57	57	57	58	58	59

Tabella 3. Numero di unità da ispezionare in modo da rilevare con una prevalenza del 5% e un intervallo di confidenza del 95%.

Numero totali di colonie all'interno dell'apiario selezionato	Fino a 24	25	30	40	50	60	70	80	100	110	120	140	160	170	200	220	300	400	500
Da ispezionare	tutte	24	28	33	37	40	42	44	47	48	49	51	52	53	54	55	56	58	59

Tabella 4. Numero di unità da ispezionare in modo da rilevare con una prevalenza del 10% e un intervallo di confidenza del 95% .

Numero totale di colonie all'interno dell'apiario selezionato	Fino a 13	14	15	16	18	21	23	26	29	33	38	44	52	62	77	98	134	204	>410
Da ispezionare	tutte	13	14	15	16	17	18	19	20	21	22	23	24	25	26	27	28	29	30

natura lucifuga degli adulti. E' consigliata l'esaminazione nelle giornate di sole (o con qualsiasi esposizione alla luce), in quanto *Aethina* adulti sgambetteranno rapidamente via dalla luce. I telaini devono essere rimossi dall'alveare uno per uno. Ogni lato del telaino deve essere rapidamente osservato. I coleotteri tendono a muoversi rapidamente lungo il telaio per trovare rifugio dalla luce e possono essere facilmente notati da un osservatore attento (Ward et al., 2007).

2. Identificazione di campioni sospetti : se vengono rilevati insetti adulti o larve durante l'ispezione visiva, le loro caratteristiche dovranno essere confrontate con la definizione di un caso sospetto (vedi sotto) per essere in grado di escludere evidenti casi negativi (ad esempio, larve di tarma della cera come la *Galleria mellonella* o *Achroia Grisella*). Se insetti adulti o larve corrispondono alla definizione di un caso, un campione deve essere preso e inviato ad un laboratorio di riferimento per l'identificazione.

3. Raccolta di esemplari sospetti : per catturare coleotteri adulti, è preferibile utilizzare un aspiratore a bocca. Una volta che sono stati catturati, si consiglia di uccidere prontamente gli individui in un contenitore, ad esempio una provetta per campionamento riempita di alcool (evitare l'uso di alcool denaturato), per impedire loro di volare via quando il contenitore viene aperto.

Nelle colonie possono essere collocate trappole da usare in combinazione con il metodo di osservazione visiva per aumentare la probabilità di rilevamento, o in alternativa all'osservazione visiva quando le condizioni climatiche non

consentono l'ispezione della colonia. Tuttavia, in queste condizioni le trappole sono molto meno efficaci. Pertanto, a seconda del metodo o zona di sorveglianza, si può decidere di utilizzare l'osservazione visiva o trappole, ma quando possibile la combinazione di entrambe è la migliore. In apiari dove le ispezioni sono intraprese spesso (apiari sentinella), la sorveglianza con l'utilizzo di trappole può essere più accettabile. Per i controlli singoli (campionamento annuale), può essere meglio eseguire ispezioni visive che hanno alta sensibilità di rilevazione, evitando così una visita di ritorno per controllare le trappole. Inoltre, attenzione deve essere prestata alle condizioni climatiche in cui si utilizzano le trappole (Neumann et al., 2013).

La rilevazione mediante metodi molecolari deve essere convalidata alla cieca sul campo, in condizioni naturali per convalidare la sensibilità del metodo (determinazione del limite di rilevazione) e per standardizzare il campionamento allo scopo del rilevamento (Ward et al., 2007, Cepero et al., 2014). Ulteriori lavori sperimentali e di campo sono necessari per attuare questa procedura di validazione.

Periodo di Sorveglianza

La sorveglianza mediante osservazione visiva dei coleotteri all'interno degli alveari dipende dalle condizioni di temperatura. Quando le temperature sono basse, l'ispezione degli alveari può compromettere la sopravvivenza della colonia, che sarà in glomere. La sorveglianza mediante metodi di cattura a pavimento può anche essere intrapresa tutto l'anno senza mettere in pericolo le colonie delle api. Tuttavia, è necessario tener ben conto della ridotta sensibilità delle trappole di plastica ondulata quando le colonie sono in glomere (vedi sopra).

Infine, è importante adattare il periodo di sorveglianza ed i metodi alla diffusione prevista di *Aethina*. Il ciclo biologico di questo parassita dipende dalle condizioni di temperatura e di umidità; inoltre, i movimenti di api vive e attrezzature apistiche sono fattori determinanti nella diffusione del coleottero. La sorveglianza deve essere rafforzata durante il periodo primavera-autunno, nel corso cioè della stagione apistica attiva. Sarà tuttavia necessariamente meno intenso in inverno, specialmente dove il clima è più freddo.

Definizione di un caso

Un caso sospetto è definito da almeno una delle seguenti situazioni rilevate dall'osservazione in apiario: 1. Presenza nell'alveare (o nell'attrezzatura apistica) di uno o più coleotteri simili ad *A. tumida*; 2. Presenza nell'alveare o nelle immediate vicinanze dell'alveare di uno o più larve tipo scarabeo (diverse quindi da quelle delle larve tarme della cera) biancastre simile ad *Aethina* (le larve escono dall'alveare per impuparsi nel suolo / 'larve vaganti '); 3. Presenza di almeno un coleottero all'interno di una trappola posta nell' alveare.

Conferma di un focolaio iniziale all'interno di una zona considerata non infestata: (ad esempio nell'ambito del piano di sorveglianza)

Un caso d'infestazione di *Aethina* è confermato sulla base di almeno uno dei seguenti criteri: 1. Identificazione di un *Aethina* adulto dal LNR in base a criteri morfologici, confermata, se necessario, attraverso l'identificazione molecolare (ad esempio campione danneggiato). Il LR dell'UE per la salute delle api sta attualmente convalidando una tecnica molecolare per identificare *Aethina* adulti e larve. Non appena la procedura completa sarà pronta, verrà resa pubblica e disponibile per libero uso; 2. Identificazione di *Aethina* larva dal LNR in base a criteri morfologici, sistematicamente confermata anche da identificazione molecolare.

Conferma dell'avvenimento di uno dei seguenti casi in zone di protezione o di sorveglianza istituite attorno al focolaio iniziale confermato

Un caso d'infestazione da *Aethina tumida* si conferma in base ad almeno uno dei seguenti criteri: 1. Identificazione di un *Aethina* adulta da parte del LNR in base a criteri morfologici, confermati se necessario, attraverso l'identificazione molecolare (per esempio nel caso di campioni danneggiati); 2. Identificazione di *Aethina tumida* larva dal LNR in base a criteri morfologici. Una volta che un focolaio è stato ufficialmente riconosciuto, l'identificazione larvale può essere confermata anche solo in base a criteri morfologici, non essendo più necessaria l'analisi molecolare sistematica.

Campionatura

È importante campionare più esemplari possibili (adulti e larve). L'identificazione morfologica è ancora più affidabile se fatta su campionature non danneggiate (campioni la cui integrità morfologica è stata conservata, che non sono stati schiacciati ed in buono stato di conservazione). Per questo motivo si consiglia l'uso di un aspiratore a bocca per il campionamento di coleotteri adulti, e per il campionamento delle larve è raccomandato l'uso di pinzette entomologiche flessibili.

Tutti i campioni devono essere uccisi prima di essere trasportati. L'uso di etanolo al 70% è raccomandato. Posizionare il campione in una provetta contenente etanolo e chiuderlo ermeticamente. Il contenitore opportunamente etichettato può essere così inviato tramite i servizi postali regolari o specifici, in modo tempestivo, al laboratorio, a temperatura ambiente, con i relativi dati di accompagnamento (numero di campioni, ecc.) Si raccomanda inoltre di scattare foto dei segnali sospetti osservati nelle colonie, di raccogliere i campioni in appositi contenitori campioni e di inviarli prontamente al LNR in modo che il livello di allerta possa essere valutato. Le immagini possono essere inviate via email direttamente allo LNR dello Stato Membro . Il laboratorio deve essere informato per telefono e per e-mail della spedizione dei campioni, in modo che possa essere pronto a riceverli e analizzarli rapidamente.

Organizzazione della sorveglianza

L'organizzazione dei livelli centrali, intermedi e di campo, nonché la gestione dei dati (raccolta, trasmissione, centralizzazione e validazione), la comunicazione e la formazione deve essere specificamente affrontata da ciascuno Stato membro, al fine di organizzare correttamente i sistemi di sorveglianza del proprio paese.

Referenze

Cepero, A., Higes, M., Martinez-Salvador, A., Meana A. & Martin-Hernandez, R. (2014). A two year national surveillance for *Aethina tumida* reflects its absence in Spain. *BMC Research Notes*, 7, 878. http://dx.doi.org/10.1186/1756-0500-7-878

Chauzat, M.-P., Laurent, M., Brown, M., Kryger, P., Mutinelli, F., Roelandt, S. & Hendrikx, P.   (2015). *Guidelines for the surveillance of the small hive beetle* (Aethina tumida) *infestation*. European Union Reference Laboratory for honey bee health (EURL); Sophia-Antipolis, France. 19 pp. https://sites.anses.fr/en/minisite/abeilles/eurl-bee-health-home

European Commission. (1982). Council Directive 82/894/EEC of 21 December 1982 on the notification of animal diseases within the Community. *Official Journal of the European Union*,   L378, 31 December 1982, pp. 58–62.

European Commission. (1992). Council Directive 92/65/EEC of 13 July 1992 laying down animal health requirements governing trade in and imports into the Community of animals, semen, ova and embryos not subject to animal health requirements laid down in specific Community rules referred to in Annex A (I) to Directive 90/425/EEC. *Official Journal of the European Union*, L268: 14 September 1992, pp. 54-72. [as amended by Commission Regulation (EC) No. 1398/2003 of 5 August 2003 amending Annex A to Council Directive 92/65/EEC to include the small hive beetle (*Aethina tumida*), the Tropilaelaps mite (*Tropilaelaps* spp.), Ebola and monkey pox. *Official Journal of the European Union*, L198: 6 August 2003, p. 3].

European Commission. (2010). Commission Regulation (EU) No. 206/2010 of 12 March 2010 laying down lists of third countries, territories or parts thereof authorised for the introduction into the European Union of certain animals and fresh meat and the veterinary certification requirements. *Official Journal of the European Union*, L73, 20 March 2010, 120 pp.

European Commission. (2014). Commission Implementing Decision of 12 December 2014 concerning certain protective measures with regard to confirmed occurrences of the small hive beetle in Italy. (2014/909/EU). *Official Journal of the European Union*, L359, 16 December 2014, pp. 161-163.

European Commission. (2015). Commission Implementing Decision of 28 May 2015 amending Implementing Decision 2014/909/EU by extending the period of application of the protection measures in relation to the small hive beetle in Italy. (2015/838/EU). *Official Journal of the European Union*, L132, 29 May 2015, pp. 86-87.

European Union Reference Laboratory. (2015) *Small hive beetle*. ANSES; France. 2 pp. https://sites.anses.fr/en/system/files/SHB_For_beekeepers_2015feb_0.pdf

Hood, M. W. M. (2004). The small hive beetle, *Aethina tumida*: a review. *Bee World, 85*(3), 51-59. http://dx.doi.org/10.1080/0005772X.2004.11099624

Murilhas, A. M. (2004). *Aethina tumida* arrives in Portugal. Will it be eradicated? *EurBee Newsletter, 2*, 7-9.

Mutinelli, F. (2014). The 2014 outbreak of the small hive beetle in Italy. *Bee World, 91*(4), 88-89. http://dx.doi.org/10.1080/0005772X.2014.11417618

Mutinelli, F., Montarsi, F., Federico, G., Granato, A., Maroni Ponti, A., Grandinetti, G., Ferrè, N., Franco, S., Duquesne, V., Rivière, M.-P., Thiéry, R., Henrikx, P., Ribière-Chabert, M. & Chauzat, M.-P. (2014). Detection of *Aethina tumida* Murray (*Coleoptera: Nitidulidae*) in Italy: outbreaks and early reaction measures. *Journal of Apicultural Research, 53*, 569-575. http://dx.doi.org/10.3896/IBRA.1.53.5.08

Neumann, P., Evans, J. D., Pettis, J. S., Pirk, C. W. W., Schäfer, M. O., Tanner, G. & Ellis, J. D. (2013). Standard methods for small hive beetle research. In *V. Dietemann, J. D. Ellis & P. Neumann (Eds) The COLOSS BEEBOOK: Volume II: Standard methods for Apis mellifera pest and pathogen research. Journal of Apicultural Research,* 52(4), http://dx.doi.org/10.3896/IBRA.1.52.4.19

Palmeri, V., Scirtò, G., Malacrinò, A., Laudani, F. & Campolo, O. (2015). A new pest for   European honey bees: first report of *Aethina tumida* Murray (Coleoptera Nitidulidae) in Europe. *Apidologie,* 46(4), 527-529. http://dx.doi.org/10.1007/s13592-014-0343-9

Schäfer, M. O., Pettis, J. S., Ritter, W. & Neumann, P. (2008). A scientific note on a quantitative diagnosis of small hive beetles, *Aethina tumida* in the field. *Apidologie,* 39, 564-565. http://dx.doi.org/10.1051/apido:2008038

Spiewok, S. & Neumann P. (2006). Infestation of commercial bumblebee (*Bombus impatiens*) field colonies by small hive beetles (*Aethina tumida*). *Ecological Entomology,* 31, 623-628. http://dx.doi.org/10.1111/j.1365-2311.2006.00827.x

Valério da Silva, M. J. (2014). The first report of *Aethina tumida* in the European Union, Portugal, 2004. *Bee World,* 91(4), 90-91. http://dx.doi.org/10.1080/0005772X.2014.11417619

Ward, L., Brown, M., Neumann, P., Wilkins, S., Pettis, J. S. & Boonham, N. (2007). A DNA method for screening hive debris for the presence of small hive beetle (*Aethina tumida*). *Apidologie,* 38, 272-280. http://dx.doi.org/10.1051/apido:2007004

Marie-Pierre Chauzat[1,2], Marion Laurent[2], Mike Brown[3], Per Kryger[4], Franco Mutinelli[5], Sophie Roelandt[6], Stefan Roels[6], Yves Van Der Stede[6], Marc Schäfer[7], Stéphanie Franco[2], Véronique Duquesne[2], Marie-Pierre Riviere[2], Magali Ribiere-Chabert[2] and Pascal Hendrikx[1].

[1]ANSES, Unit of Coordination and Support to Surveillance, Maisons-Alfort, France.
Email: Marie-pierre.CHAUZAT@anses.fr
[2]ANSES, Honey bee Disease Unit, European Reference Laboratory for honey bee health, Sophia Antipolis, France.
[3]FERA, National Bee Unit, Sand Hutton York, YO10 4BG, UK.
[4]Århus University, Department of Agroecology, 4200 Slagelse, Denmark.
[5]Istituto Zooprofilattico Sperimentale delle Venezie, NRL for beekeeping, Legnaro (Padova), Italy.
[6] Groeselenberg 99, 1180 Brussels, Belgium.
[7]Friedrich-Loeffler-Institut, Südufer 10 17493 Greifswald-Insel Riems, Germany.

QUATTRO

Aethina in Italia: cosa aspettarsi nel futuro?

Peter Neumann

Introduzione

Il piccolo coleottero dell'alveare (SHB), *Aethina tumida,* è un parassita e approfittatore delle colonie di api da miele (*Apis mellifera*), ed è nativo dell'Africa sub-sahariana, dove di solito è considerato solo un parassita minore (Lundie, 1940; Hepburn & Radloff, 1998 ; Neumann & Elzen, 2004). Da circa vent'anni a questa parte *Aethina* è stata introdotta, principalmente attraverso l'importazione di api e/o di prodotti delle api, in aree diverse da quella di origine, ad esempio negli Stati Uniti d'America (1996), in Egitto (2000), in Australia (2001) e in Europa (2004; cfr Neumann e Ellis, 2008 per una rassegna). Negli Stati Uniti e in Australia, *A. tumida* è ormai confermata come una specie invasiva, e se le condizioni ambientali le sono favorevoli, può essere considerato come un parassita economicamente significativo per le colonie derivate da api europee (Neumann & Elzen 2004; Spiewak *et al.*, 2007). La recente introduzione di *A. tumida* in Italia (Mutinelli, 2014; Mutinelli *et al*, 2014;.. Palmeri *et al*, 2015) (vedi Capitolo 2) ha pertanto sollevato notevoli preoccupazioni sulla possibilità che questa specie sia in grado di stabilire popolazioni anche in Europa.

La riproduzione di *Aethina*

Una questione chiave per il caso italiano e le eventuali future introduzioni di *Aethina,* è chiaramente se le misure di eradicazione, come la combustione di alveari infestati, saranno efficaci nell'eleminare questa popolazione invasiva. Quali sono le possibilità per una eradicazione di successo? Per rispondere a questa domanda, vanno considerate le varie opzioni di riproduzione di *Aethina* :

1. Api mellifere. Nelle colonie di api, *Aethina* ha un potenziale di riproduzione enorme, spesso con conseguente completo crollo strutturale dell'intero nido (Hepburn e Radloff, 1998). Colonie di api europee ragionevolmente forti, sane e non orfane, possono collassare in meno di cinque giorni (3-5 favi di covata, 6-8 favi di api;. Neumann *et al*, 2010). Nei miei diciotto anni di lavoro su *Aethina* in campo, non ho mai notato che tali colassi indotti da coleottori si verificassero in colonie di api forti in Africa. Ciò è probabilmente dovuto alle differenze comportamentali quantitative tra le sottospecie di api europee ed africane (Neumann & Elzen, 2004). *Aethina* può anche avere una riproduzione criptica, a bassi livelli, nei detriti dell'alveare (Spiewok & Neumann, 2006b; Fig 1.) oppure dentro celle di covata opercolata (Neumann & Hoffmann, 2008). Tale riproduzione criptica può rimanere inosservata sia dagli apicoltori che dalle api stesse poiché pochissime sono le larve che vengono prodotte in colonie infestate (Spiewok & Neumann, 2006b), senza lasciare prima segni evidenti dei danni associati ad *Aethina* (osservazioni personali). E' probabile che questo metodo di

Fig. 1. Riproduzione criptica (a bassi livelli) di *Aethina* tra i detriti di un alveare. Tre larve del coleottero in movimento sono indicate con cerchi rossi.

riproduzione mantenga popolazioni piuttosto basse di *Aethina*. Tuttavia, api operaie (Lundie, 1940), che trasportano le larve di coleottero fuori dell'alveare ad una certa distanza, possono occasionalmente essere viste all'ingresso di tali colonie infestate (Fig. 2). Inoltre, l'apicoltura piu in generale può sostanere in maniera massiccia la riproduzione di *Aethina*, ad esempio, tramite scarsi standard sanitari nel laboratorio di smelatura (Spiewok *et al*, 2007; Fig. 3). Un'altra opzione per la riproduzione di *Aethina* associata alle api, sono colonie naturali che emergono da sciami sfuggiti (Gillespie *et al*,

2003;.. Neumann *et al*, 2010).

2. Bombi (*Bombus* spp). E 'noto da tempo che *Aethina* può completare un intero ciclo di vita in associazione con le colonie di bombi (Ambrogio *et al.*, 2000). La ricerca da allora ha dimostrato che gli odori dei bombi e dei loro prodotti sono attraenti per *Aethina* adulti (Spiewok & Neumann, 2006a;. Graham *et al*, 2011) e che infestazioni di colonie di bombi commerciali possono avvenire sia in campo (Spiewok & Neumann, 2006a) che all 'interno delle serre (Hoffmann *et al.*, 2008).

3. Api senza pungiglione. E' stato segnalato che *Aethina* può anche infestare colonie di api senza pungiglione in Africa (Mutsaers, 2006), in Australia (cfr Greco *et al*, 2010; cfr Halcroft *et al*, 2011) e in America (Peña *et al*, 2014).

4. Altri prodotti alimentari. Infine, l'effettiva riproduzione di *Aethina* su frutta e altri generi alimentari

Fig. 2. Api operaie che rimuovono una larva di *Aethina* dall'ingresso dell'alveare.

(ad esempio nella cotoletta di manzo in decomposizione) è stata mostrata in laboratorio (Ellis *et al*, 2002;. Buchholz *et al*, 2008; Fig. 4.) e a livelli bassi anche in campo (solo frutta, Buchholz *et al.*, 2008).

A differenza di molti altri parassiti delle api, *Aethina* sembra essere un parassita abbastanza opportunistico, che probabilmente depone le uova e si nutre di qualsiasi cibo sia disponibile. Suggerisco che questo fattore debba essere considerato al momento di valutare le possibilità di successo dei programmi di eradicazione e le politiche di gestione del parassita nelle popolazioni introdotte di *Aethina*.

Eradicazione

Dovrebbero essere considerate esperienze avute da

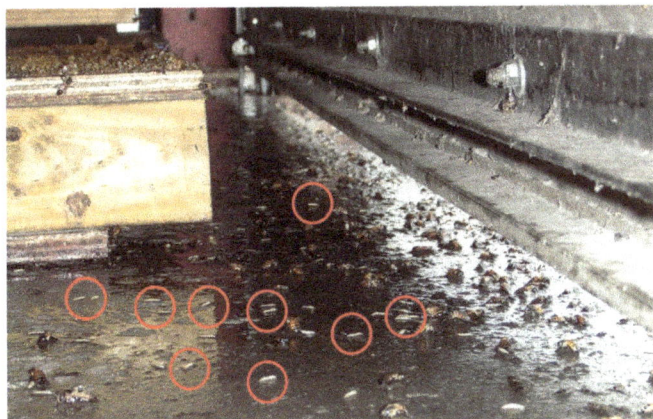

Fig. 3. Riproduzione in massa di *Aethina* in un laboratorio di smelatura degli Stati Uniti. Le larve nomadi post-nutrizione (cerchi rossi) sono fototattiche positive e lasciano il melario per l'impupamento nel terreno vicino.

Fig. 4. Riproduzione in massa di *Aethina* con una dieta di banana. Per l'allevamento a fini di studio, questo è una buona alternativa, economica e pratica, per alimentare i coleotteri invece di adoperare preziosi favi di covata o polline/ miele (Neumann *et al.*, 2013).

precedenti invasioni di *Aethina*. Negli Stati Uniti, la presenza di *Aethina* è stata confermata solo nel 1998, due anni dopo la loro introduzione nel 1996, e in quel periodo notevoli danni all'apicoltura vennero registrati in Florida (Sanford, 1998; Neumann & Elzen, 2004). Fu quindi troppo tardi per rendere efficace qualsiasi misura di eradicazione (vedi Capitolo 5). Nel luglio del 2002, danni associati ad *Aethina* furono notati da Michael Duncan nel suo apiario a Richmond, New South Wales, Australia. I coleotteri furono identificati come *A. tumida* nel mese di ottobre 2002. Poichè la riproduzione di *Aethina* fu trovata anche in colonie selvatiche (sciami naturali) (Gillespie *et al.*, 2003), il governo australiano decise contro un programma di eradicazione (vedi Capitolo 7). Nel caso dell'introduzione in Portogallo, l'eradicazione di *Aethina* ebbe successo, forse perché furono introdotti pochissimi esemplari e la rilevazione avvenne molto precocemente (Murilhas, 2004; Valério da Silva, 2014). In conclusione, l'esperienza ottenuta da indagini sulle introduzioni precedenti suggerisce fortemente che una reazione tempestiva è un elemento chiave per il successo dei programmi di eradicazione di *Aethina*.

In Italia, sono stati trovati anche gli stadi giovanili del coleottero (uova, larve e pupe) oltre agli adulti (Mutinelli *et al*, 2014). A febbraio 2015 risultavano confermati 61 apiari infestati in Calabria e Sicilia, e nel comune di Gioia Tauro è stato trovato uno sciame naturale infestato (Mutinelli *et al*, 2014;. Capitolo 2). Prese insieme, queste seqnalazioni indicano che *Aethina* è presente ed in riproduzione in Italia da molto prima dell' iniziale rilevamento dei coleotteri nel settembre 2014. La situazione sembra però essere promettente dal momento che nessun nuovo caso è stato segnalato tra dicembre 2014 e luglio 2015 (Istituto Zooprofilattico Sperimentale delle Venezie, 2015). Le probabilità di sopravvivenza di *Aethina* in Italia, tuttavia, non sono zero, nonostante gli sforzi globali di tutte le parti coinvolte. Infatti, a prescindere dal successo di qualsiasi misura di eradicazione associata con l'apicoltura, *Aethina* è noto per essere in grado di sopravvivere al di fuori dell'apicoltura (vedi sopra, per esempio negli sciami naturali).

Se *Aethina* non può essere eredicata in Italia ora o nei casi futuri di introduzioni in Europa, quali saranno le possibili conseguenze? Poiché *Aethina* adulti svernano nei glomeri delle api (Schäfer *et al*., 2010), possono sopravvivere in associazione con le colonie in tutta Europa, soprattutto perché sembrano essere dotati di un lungo ciclo vitale (Schmolke, 1974). Un punto debole nel loro ciclo di vita c'è, però, ed è il loro impupamento nel terreno all'esterno alle colonie (Neumann & Elzen, 2004). In effetti, la lunghezza e il successo del loro ciclo di vita dipende fortemente dalla temperatura del suolo, la consistenza e l'umidità (Lundie, 1940, Schmolke, 1974; Neumann *et al*, 2001;. Ellis *et al*, 2004;. Haque & Levot, 2005; Mürrle & Neumann, 2004; de Guzman & Frake, 2007). Pertanto, un clima mediterraneo combinato con un adeguato terreno sabbioso e sufficiente umidità si suppone aumenti la capacità riproduttiva di *Aethina,* rispetto al clima presente nelle altre regioni europee. In effetti, il clima mediterraneo è molto simile al Sud Africa, ma le api europee sembrano essere più suscettibili alle infestazioni da *Aethina* (Neumann & Elzen, 2004). Dal momento che i danni inflitti alle colonie di api sono stati regitrati nelle regioni con livelli d'infestazione di *Aethina* significativamente maggiori (Spiewok *et al*., 2007), il numero potenziale di riproduzione annua di coleotteri *Aethina* sembra essere un buon indicatore del potenziale danno .

Pertanto, ci sarà un potenziale di rischio di danni da *Aethina* in Europa da basso a alto, sulla base esclusivamente dei dati climatici. Mentre in un clima nordico o temperato, il rischio potenziale di danni da *Aethina* sarà basso o moderato (come negli Stati Uniti e Canada), il rischio potenziale sarà più alto in Europa meridionale. In conclusione, come in Australia e negli Stati Uniti, *Aethina* richiederà un'adeguata attenzione da parte degli apicoltori europei per limitare i danni, come la diagnosi e il controllo, nonché il perfezionamento della gestione del rischio (tra cui le pratiche igieniche nei laboratori di smelatura; vedere Hood 2011 per una visione d'insieme).

Ringraziamenti:

Apprezzamento è rivolto a Marco Lodesani e Cecilia Costa per l'eccellente organizzazione locale del workshop COLOSS su *Aethina* tenutosi a Bologna nel febbraio 2015, ed a Gina Retschnig per i commenti costruttivi su una precedente bozza del manoscritto. Il sostegno finanziario è stato concesso dalla Ricola Foundation Nature and Culture e la Vinetum Foundation.

Riferimenti bibliografici

Ambrose, J. T., Stanghellini, M. S. & Hopkins, D. I. (2000). A scientific note on the threat of small hive beetles (*Aethina tumida* Murray) to bumble bee (*Bombus* sp.) colonies in the United States. *Apidologie,* 31, 455-456.

Buchholz, S. B., Schäfer, M. O., Spiewok, S., Pettis, J. S., Duncan, M., Ritter, W., Spooner-Hart, R. & Neumann, P. (2008). Alternative food sources of *Aethina tumida* (Coleoptera: Nitidulidae). *Journal of Apicultural Research,* 47(3), 202-209.
http://dx.doi.org/10.3896/IBRA.1.47.3.08

de Guzman, L. I. & Frake, A. M. (2007). Temperature affects *Aethina tumida* (Coleoptera: Nitidulidae) Development. *Journal of Apicultural Research,* 46(2), 88-93.
http://dx.doi.org/10.1080/00218839.2007.11101373

Ellis, J. D., Neumann, P., Hepburn, H. R. & Elzen, P. J. (2002). Longevity and reproductive success of *Aethina tumida* (Coleoptera: Nitidulidae) fed different natural diets. *Journal of Economic Entomology,* 95, 902-907.

Ellis, J. D., Hepburn, R., Luckman, B. & Elzen, P. J. (2004). Effects of soil type, moisture, and density on pupation success of *Aethina tumida* (Coleoptera: Nitidulidae). *Environmental Entomology,* 33(4), 794-798.

Gillespie, P., Staples, J., King, C., Fletcher, M. J. & Dominiak, B. C. (2003). Small hive beetle, *Aethina tumida* (Murray) (Coleoptera: Nitidulidae) in New South Wales. *General and Applied Entomology,* 32, 5-7.

Graham, J. R., Ellis, J. D., Carroll, M. J. & Teal, P. E. A. (2011). *Aethina tumida* (Coleoptera: Nitidulidae) attraction to volatiles produced by *Apis mellifera* (Hymenoptera: Apidae) and *Bombus impatiens* (Hymenoptera: Apidae) colonies. *Apidologie,* 42, 326-336.

Greco, M. K., Hoffmann, D., Dollin, A., Duncan, M., Spooner-Hart, R. & Neumann, P. (2010). The alternative Pharaoh approach: stingless bees mummify beetle parasites alive. *Naturwissenschaften,* 97, 319-323.

Halcroft, M., Spooner-Hart, R. & Neumann, P. (2011). Behavioural defence strategies of the stingless bee, *Austroplebeia australis*, against the small hive beetle, *Aethina tumida. Insectes Sociaux,* 58, 245-253.

Haque, N. M. M. & Levot, G. W. (2005). An improved method of laboratory rearing the small hive beetle *Aethina tumida* Murray (Coleoptera: Nitidulidae). *Entomologia Generalis / Journal of General Applied Entomology*, 34, 29-33.

Hepburn, H. R. & Radloff, S. E. (1998). *Honey bees of Africa.* Springer Verlag; Berlin, Germany.

Hoffmann, D., Pettis, J. S. & Neumann, P. (2008) Potential host shift of the small hive beetle (*Aethina tumida*) to bumble bee colonies (*Bombus impatiens*). *Insectes Sociaux,* 55, 153-162.

Hood, W. M. (2011). Handbook of small hive beetle IPM. Clemson University Cooperative Extension Program. *Extension Bulletin*, 160. 20 pp. http://www.extension.org/sites/default/files/Handbook_of_Small_Hive_Beetle_IPM.pdf

Istituto Zooprofilattico Sperimentale delle Venezie (2015) *Aethina tumida* in Italy: updates. http://www.izsvenezie.com/aethina-tumida-in-italy/

Lundie, A. E. (1940). The small hive beetle, *Aethina tumida*. *Science Bulletin Union of South Africa,* 220, 5-19

Murilhas, A. M. (2004) *Aethina tumida* arrives in Portugal. Will it be eradicated? *EurBee Newsletter,* 2, 7-9.

Müerrle, T. M. & Neumann, P. (2004). Mass production of small hive beetles (*Aethina tumida* Murray, Coleoptera: Nitidulidae). *Journal of Apicultural Research,* 43(3), 144-145. http://dx.doi.org/10.1080/00218839.2004.11101125

Mutinelli, F. (2014). The 2014 outbreak of the small hive beetle in Italy. *Bee World*, 91(4), 88-89. http://dx.doi.org/10.1080/0005772X.2014.11417618

Mutinelli, F., Montarsi, F., Federico, G., Granato, A., Maroni Ponti, A., Grandinetti, G., Ferrè, N., Franco, S., Duquesne, V., Rivière, M.-P., Thiéry, R., Henrikx, P., Ribière-Chabert, M. & Chauzat, M.-P. (2014). Detection of *Aethina tumida* Murray (*Coleoptera: Nitidulidae.*) in Italy: outbreaks and early reaction measures. *Journal of Apicultural Research*, 53, 569-575. http://dx.doi.org/10.3896/IBRA.1.53.5.08

Mutsaers, M. (2006). Beekeepers observations on the small hive beetle (*Aethina tumida*) and other pests in bee colonies in West and East Africa. In *Proceedings of the 2nd European Conference of Apidology, Prague, Czech Republic.* p 44.

Neumann, P. & Ellis, J. D. (2008). The small hive beetle (*Aethina tumida* Murray, Coleoptera: Nitidulidae): distribution, biology and control of an invasive species. *Journal of Apicultural Research*, 47(3), 181-183. http://dx.doi.org/10.3896/IBRA.1.47.3.01

Neumann, P., & Elzen, P. J. (2004). The biology of the small hive beetle (*Aethina tumida* , Coleoptera : Nitidulidae): gaps in our knowledge of an invasive species. *Apidologie,* 35(3), 229-247.

Neumann, P., Evans, J. D., Pettis, J. S., Pirk, C. W. W., Schäfer, M. O., Tanner, G. & Ellis, J. D. (2013). Standard methods for small hive beetle research. In *V. Dietemann, J. D. Ellis & P. Neumann (Eds) The COLOSS BEEBOOK: Volume II: Standard methods for Apis mellifera pest and pathogen research. Journal of Apicultural Research*, 52(4), http://dx.doi.org/10.3896/IBRA.1.52.4.19

Neumann, P. & Hoffmann, D. (2008). Small hive beetle diagnosis and control in naturally infested honey bee colonies using bottom board traps and CheckMite+ strips. *Journal of Pest Science*, 81, 43-48.

Neumann, P., Hoffmann, D., Duncan, M., Spooner-Hart, R. & Pettis, J. S. (2012). Long-range dispersal of small hive beetles. *Journal of Apicultural Research*, 51(2), 214-215. http://dx.doi.org/10.3896/IBRA.1.51.2.11

Neumann, P., Pirk C. W. W., Hepburn, H. R., Elzen, P. J. & Baxter, J. R. (2001). Laboratory rearing of small hive beetles *Aethina tumida* (Coleoptera, Nitidulidae). *Journal of Apicultural Research*, 40(3-4), 111-112. http://dx.doi.org/10.1080/00218839.2001.11101059

Palmeri, V., Scirtò, G., Malacrinò, A., Laudani, F. & Campolo, O. (2015). A new pest for European honey bees: first report of *Aethina tumida* Murray (Coleoptera Nitidulidae) in Europe. *Apidologie*, 46(4), 527-529. http://dx.doi.org/10.1007/s13592-014-0343-9

Peña W.L., Carballo L.F., Lorenzo J.D. (2014). Reporte de *Aethina tumida* Murray (Coleoptera, Nitidulidae) en colonias de la abeja sin aguijón *Melipona beecheii* Bennett de Matanzas y Mayabeque. *Revista de Salud Animal*, 36(3), 201-204. ISSN 0253-570X

Sanford, M. T. (1998). *Aethina tumida*: a new bee hive pest in the Western Hemisphere. *APIS (University of Florida)*, 16(7), 1-5.

Schäfer, M. O., Ritter, W., Pettis, J. S. & Neumann, P. (2010) Winter losses of honey bee colonies (Hymenoptera: Apidae): the role of infestations with *Aethina tumida* (Coleoptera: Nitidulidae) and *Varroa destructor* (Parasitiformes: Varroidae). *Journal of Economic Entomology*, 103, 10-15.

Schmolke, M. D. (1974). A study of *Aethina tumida*: the small hive beetle, *Project Report, University of Rhodesia*. pp. 178.

Spiewok, S. & Neumann, P. (2006a). Infestation of commercial bumble bee (*Bombus impatiens*) field colonies by small hive beetles (*Aethina tumida*). *Ecological Entomology*, 31, 623-628. http://dx.doi.org/10.1111/j.1365-2311.2006.00827.x

Spiewok, S. & Neumann, P. (2006b). Cryptic low-level reproduction of small hive beetles in honey bee colonies. *Journal of Apicultural Research*, 45(1), 47-48. http://dx.doi.org/10.1080/00218839.2006.11101313

Spiewok, S., Pettis, J. S., Duncan, M., Spooner-Hart, R., Westervelt, D. & Neumann, P. (2007). Small hive beetle, *Aethina tumida*, populations I: Infestation levels of honey bee colonies, apiaries and regions. *Apidologie*, 38, 595-605.

Valério da Silva, M. J. (2014). The first report of *Aethina tumida* in the European Union, Portugal, 2004. *Bee World*, 91(4), 90-91. http://dx.doi.org/10.1080/0005772X.2014.11417619

Villa, J. D. (2004). Swarming behavior of honey bees

    (Hymenoptera: Apidae) in south eastern Louisiana.

    Annals of the Entomological Society of America, 97, 111-116.

Peter Neumann[1,2]

[1]Institute of Bee Health, Vetsuisse Faculty, University of Bern, Bremgartenstr. 109a, CH-3001 Bern, Switzerland. Email: peter.neumann@vetsuisse.unibe.ch
[2]Social Insect research Group, Department of Zoology & Entomology, University of Pretoria, Private Bag X20, Hatfield 0028, Pretoria, South Africa.

CINQUE

Aethina in America

Jeff S Pettis, Marc O Schäfer e Peter Neumann

Introduzione

Il primo rilevamento di coleotteri *Aethina* (SHB) al di fuori del loro areale nativo in Africa è stato negli Stati Uniti nel 1996. Dopo questa introduzione *Aethina* ha continuato a diffondersi dagli Stati Uniti ad altre aree delle Americhe, tra cui il Canada e parte dell'America centrale (Vedere il capitolo quattro). L'impatto di questo parassita è stato più grave nei climi caldo umidi, e ha costretto gli apicoltori a cambiare molte pratiche di gestione. Per esempio i cambiamenti di gestione includono la rapida estrazione del miele raccolto, la formazione di nuclei con un elevato numero di api adulte rispetto alla covata, e una vigilanza costante e/o un trattamento per SHB adulti durante l'allevamento di regine, considerando che i nuclei di fecondazione (a causa del ridotto numero di api) sono particolarmente vulnerabili ai danni SHB. Mentre i coleotteri *Aethina* continuano la loro marcia attraverso le Americhe, gli apicoltori devono adattarsi, per evitare danni costosi alle colonie e il miele. In questo capitolo si fornirà una linea temporale del movimento di *Aethina* nelle Americhe e si evidenzieranno i mezzi che gli apicoltori utilizzano per affrontare questa nuova peste. Si prega di fare riferimento a Hood (2004), Neumann e Elzen (2004), Ellis e

Munn (2005), Ellis e Hepburn (2006) e al Capitolo Quattro di questo volume per informazioni più dettagliate sulla biologia e il controllo di SHB.

Da che cosa *Aethina* ci segnala la loro presenza?

La prima cosa che la maggior parte degli apicoltori nota quando SHB entra in una nuova area o paese è il danno che provoca al miele in attesa di estrazione (Fig. 1b). Se il miele non viene estratto entro due o tre giorni dopo la rimozione dei melari, i coleotteri si nutrono di polline e o di covata nei favi del melario e rendono il miele non idoneo per l'estrazione a causa della "melma" che le larve di *Aethina* lasciano mentre si muovono lungo i telaini Fig. 1a). Favi contenenti polline conservato e/o covata possono essere utilizzati da SHB per riprodursi, e una volta rimossi dall'alveare questi favi sono rapidamente invasi da larve di SHB. Inoltre, anche se il miele viene subito estratto, i favi dei melari contenenti il miele rimanente ("melari bagnati") possono permettere a SHB di riprodursi se piccole quantità di polline e o di covata sono presenti (Hood, 2011). Infine, tutti i favi, cera o detriti che sono presenti nella struttura apistica potrebbero potenzialmente essere fonte di riproduzione per SHB. La pulizia e l'igiene generale delle strutture apistiche è stata una lezione che gli apicoltori americani hanno imparato molto rapidamente dopo l'introduzion di SHB negli Stati Uniti. Smielatura rapida e pulizia igienica sanitaria del laboratorio di smielatura sono uno strumento importante per limitare l'accrescimento di popolazioni SHB in una determinata area.

Oltre al danno al miele in attesa di smielatura, il secondo più probabile posto dove gli apicoltori noteranno SHB è nell'apiario, dove *Aethina* adulti possono essere visti all'interno delle colonie (Fig. 2a) oppure gli apicoltori troveranno colonie o nuclei che contengono SHB larve. Quando si verifica la riproduzione in massa di SHB in una colonia (Neumann e Elzen, 2004) le api abbandonano l'alveare e le larve possono essere visti in grandi ammassi (Fig. 1a) nei favi o sul fondo dell'arnia. Quando SHB arriva in un territorio, il loro piccolo numero iniziale gli permette spesso di passare inosservato per molti anni, come è avvenuto negli Stati Uniti (riproduzione criptica a basso livello, Spiewok e Neumann, 2006). In seguito alla sua introduzione in Sud Carolina e in Florida (le cui modalità sono a tutt'oggi non chiarite) SHB è andato inosservato per un periodo di minimo di due anni (1996-1998), e probabilmente più lungo.. Numerose trappole e tecniche di rilevamento sono ora disponibili per monitorare la presenza di *Aethina* (vedi Capitolo Quattro), ma SHB hanno più probabilità di annunciare la loro presenza lasciando melma nei favi immagazzinati o danneggiando colonie negli apiari.

Una cronologia di SHB negli Stati Uniti

La SHB è andato inosservato ufficialmente per almeno due anni. I primi coleotteri non identificati sono stati raccolti nel novembre 1996, a Charleston, South Carolina (Hood, 2000) e solo più tardi identificati come *Aethina tumida*. In quei due anni SHB si è ben stabilito in Florida e ha causato

notevoli danni all'apicoltura (~ $ 3 milioni soltanto nel 1998; Ellis *et al.*, 2002c). I coleotteri sono stati confermati essere *A. tumida* a St. Lucie, Florida (giugno 1998; Hood, 2000) e fu presto compreso che la loro presenza era diffusa; quindi fu troppo tardi per mettere in atto misure di eradicazione e di quarantena. Da allora, SHB è diventato ben consolidato negli gli Stati Uniti continentali con tutti e 48 gli stati contigui ad aver avuto alcuni rilevamenti positivi o colonie con coleotteri trasportate all'interno dello stato (J. Pettis, osservazioni personali). Tuttavia, le popolazioni di SHB più elevate si trovano sempre negli stati con clima caldo-umido come la Florida e la Georgia. I danni da

Fig. 1. SHB può essere un problema importante nei laboratori di smelatura, dove le larve (a) possono nutrirsi di polline o covata nei favi, poichè le api adulte sono state rimosse quando i melari vengono tolti dall'alveare e portati all'interno (b) per la smelatura. (Foto: J. Pettis USDA-ARS).

Aethina possono essere gravi se le condizioni ambientali e / o la cattiva gestione consentono alle popolazioni di *Aethina* di riprodursi. Un sondaggio sulla perdita di colonie gestite durante l'inverno del 2006 - 2007 ha rivelato che gli apicoltori professionisti individuavano i parassiti invertebrati (*Varroa destructor, Acarapis woodi* e / o SHB) come la principale causa di mortalità delle colonie (Van Engelsdorp *et al.,* 2007). Come regola generale, gli apicoltori negli Stati Uniti hanno imparato a limitare l'impatto e la crescita di SHB migliorando le tecniche di gestione dell'allevamento. Il

Fig. 2. SHB adulti (a) sono circa 1/3 delle dimensioni delle api operaie e possono essere facilmente trasportati in nuove aree con l'apicoltura nomade (b). Piccoli nuclei per l'accoppiamento delle regine (c) sono particolarmente a rischio dai danni di *Aethina*, dovuto in parte alla loro piccola dimensione ed al basso numero di api adulte presenti per proteggere i favi (Foto: J. Pettis USDA-ARS).

principale settore dell'apicoltura che è rimasto problematico è l'allevamento della regine, perchè le piccole colonie nei nuclei di accoppiamento (Fig. 2c) sono molto vulnerabili ai danni da SHB (Mustafa *et al.,* 2014).

Osservazioni sulla stagionalità e la dispersione negli Stati Uniti

La riproduzione di SHB è limitata ai periodi dell'anno in cui le temperature del suolo consentono al coleottero di completare il suo ciclo di vita (sopra 16°C). La crescita delle popolazioni di *Aethina* varia dalla Florida, dove è più alta nei mesi primaverili ed estivi, con un picco a maggio e giugno (Arbogast *et al.,* 2010), alla Louisiana, dove i picchi di crescita sono stati notati nel mese di settembre e novembre (de Guzman *et al.* , 2010). Allo stesso modo, in Georgia, la popolazione di SHB è aumentata a luglio - agosto e ha raggiunto un picco a settembre-ottobre (Berry, 2009). In Louisiana, l'abbondanza di SHB è stata correlata con giornate calde, ma non con giornate fresche, secche o umide, o con precipitazioni (de Guzman *et al.,* 2010). Gli adulti di Aethina volano facilmente e si pensa siano in grado di farlo per lunghe distanze (> 10 km, Neumann e Elzen, 2004). Tuttavia, la distanza reale che SHB può coprire in volo è attualmente sconosciuta. La densità di apiari, la popolazione SHB e la riproduzione di massa di SHB determinano i livelli di infestazione SHB in apiari appena installati (Spiewok *et al.,* 2007, 2008). Negli Stati Uniti è stato osservato che i maschi SHB volano prima delle femmine (Neumann e Elzen, 2004), ma questa

44

caratteristica non è stata individuata in Australia o in Africa (Spiewok e Neumann, 2012).

Come è avvenuta la dispersione di SHB in Nord America?

Probabilmente il rapido movimento di SHB negli Stati Uniti è stato il risultato dell' apicoltura nomade (Fig 2b.), e della movimentazione di pacchi d'ape (Fig. 3) e di attrezzatura apistica (Neumann e Elzen 2004;. Gordon et al, 2014; Annand, 2011). Negli Stati Uniti, gli stati più meridionali (North Carolina, Georgia, South Carolina e Florida) furono infestati tra il 1996 e il 1998, seguiti solo due anni più tardi dagli stati confinanti il Canada, nel 2000 (Neumann e Elzen,

Fig. 3. Installazione di pacchi d'ape in Florida, Stati Uniti. Pacchi d'ape ed apicoltura migratoria sono due dei percorsi principali per la diffusione di *Aethina* verso nuovi areali (Foto: D. van Engelsdorp).

2004). Questo grande salto in dispersione si può spiegare osservando le rotte dell' apicoltura nomade, dal momento che molte colonie svernano in Florida prima di essere trasportate verso il nord per l'impollinazione in primavera (Pettis et al, 2014; si veda anche l'Australia:.. Graham et al, 2014; Capitolo Sette) .

SHB ha fatto un enorme salto alle Hawaii nel mese di aprile 2010, dove un apicoltore sulla Big Island ha trovato coleotteri adulti in alveari che sono stati confermati essere *Aethina tumida* (Robson, 2012). Da allora, SHB è diventato ben stabilito su Big Island e si è diffusa anche nelle isoleHawaii Oahu (2010), Molokai (2011) e Kauai (2012; Martin, 2013). La presenza di SHB ha avuto drammatiche conseguenze negative per l'industria apistica locale composta da colonie di *Apis mellifera* (Connor, 2011a). In un sondaggio sulla mortalità delle colonie, sono risultate morte il 55%, con l'80% delle perdite attribuite dagli apicoltori a SHB o ad una combinazione di *V. destructor* e SHB (29%, Connor, 2011a). Numerose colonie di api selvatiche (grazie all'assenza di *V. destructor* prima del 2010) possono essere servite come fonte di riproduzione per un gran numero di coleotteri (Connor, 2011a) simile a quanto accaduto in Australia (Neumann et al, 2012;. Capitolo Sette). Infine, le condizioni ambientali delle Hawaii sono perfettamente adatte per l'impupamento di SHB (Connor, 2011b). La stabile presenza di SHB è risultata nella perdita di mercati di esportazione per l'industria delle api regine a causa delle restrizioni di quarantena imposta in alcuni paesi (Robson, 2012). Oltre alle Hawaii, le zone più gravemente colpite dal SHB sono state la Florida e gli Stati Uniti sud orientali (Neumann e Elzen, 2004) e gli allevatori di api regine in diversi stati (J. Pettis, pers. Oss.). Finora, non ci sono segnalazioni confermate di SHB in Alaska o Puerto Rico.

Il Canada ha avuto focolai SHB limitati; nel 2002 a Manitoba, nel 2006 in Alberta e Manitoba, nel 2008 e 2009 in Quebec, e Ontario nel 2008 e 2013) (Clay, 2006; Neumann e Ellis, 2008; Giovenazzo e Boucher, 2010; Kozak, 2010; Dubuc, 2013). L'Ontario ha una popolazione consolidata di SHB nella contea di Essex dal 2010. Quando SHB si trova in altre zone della stessa provincia, le colonie infestate sono uccise o trasportate all'interno dell'area di quarantena di Essex (Dubuc, 2013). Il movimento delle api da Ontario al Quebec e verso tutte le altre province del Canada è sotto stretta sorveglianza. Indagini in corso lungo il confine Quebec-Stati Uniti negli ultimi sei anni non hanno rilevato SHB dal 2012 (Giovenazzo e Bernier, 2015), con l'eccezione di un solo caso in Quebec, nel 2013 (Dubuc, 2013). La British Columbia, provincia canadese più occidentale con un clima quasi mediterraneo, sembra essere SHB-libero. *Aethina* non è ben stabilita in Canada (ad eccezione dell'Ontario), probabilmente grazie alle condizioni climatiche sfavorevoli, ma l'impatto commerciale (normative commerciali, restrizioni di movimento, ecc) può essere problematico per gli apicoltori locali.

America centrale e i Caraibi

Il Messico ha annunciato per la prima volta la presenza di *Aethina* nel 2007 (Del Valle Molina, 2007) e ad oggi la presenza di Aethina è ormai ben consolidata in almeno otto stati messicani. Negli stati tropicali (ad es Yucatan), i livelli di infestazione possono essere estremamente elevati, con centinaia di coleotteri riportati in ciascun alveare (Loza et al., 2014). Questo è sorprendente dal momento che le api mellifere locali sono africanizzate e quindi ritenute essere meno sensibili alle infestazioni di *Aethina tumida*. Le ragioni alla base di questo fenomeno rimangono poco chiare, e più dati sono necessari dal Messico per capire i fattori che determinano elevati livelli di infestazioni di SHB . Quello che sta accadendo in Messico è simile a quello che sta succedendo nelle zone tropicali del Centro e del Sud America.

SHB sono stati rilevati in El Salvador nel 2013 (Arias, 2014). Un sondaggio di vigilanza nel 2014 ha rilevato *Aethina* in 68 alveari su 1.700 suggerendo un'epidemia localizzata (V. Landaverde, pers. Comm.). Il Nicaragua ha segnalato SHB la prima volta nel febbraio 2014 in una zona al confine con Costa Rica (Gutierrez, 2014; Calderón et al, 2015). Tuttavia, non è attualmente noto se SHB sia ben consolidata in Nicaragua. In Costa Rica, due indagini svolte per verificare la presenza di SHB nel 2012 e il 2014 sono risultate negative, e da allora non sono stati segnalati ritrovamenti di SHB (Ramírez et al, 2014;... RA Calderon, pers comm). Dal momento che SHB sono ben stabiliti nel Yucatan messicano al confine con il Belize e il Guatemala (Loza et al., 2014), può essere solo una questione di poco tempo prima che SHB raggiunga questi paesi.

Aethina è stata trovata in Giamaica nel 2005 (FERA, 2010) e da allora si è diffusa in tutta l'isola (H. Smith, pers. Comm.). Anche se le prime segnalazioni hanno suggerito che SHB può essere un grave parassita delle api mellifere locali europee (FERA, 2010), le popolazioni SHB consolidate non sembrano causare problemi (H. Smith, pers. Comm.). Questo è sorprendente dal momento che gli apicoltori locali sembrano non utilizzare misure di controllo particolari se non il posizionamento degli alveari su basi di calcestruzzo (H. Smith, pers. Comm.). Le api locali sono probabilmente africanizzate, ma conservano alcuni tratti europei (per esempio la docilità, Rivera-Marchand *et al*, 2012.); quindi non è sorprendente che siano in grado di gestire le infestazioni di SHB.

A Cuba, SHB è stata confermata nel 2012 (Milian, 2012; Darias, 2014). *A. tumida* è attualmente presente in sette province e si prevede la sua diffusione al resto dell'isola (Darias, 2014). Finora, nessun effetto negativo è stato segnalato sulle api mellifere locali, probabilmente dovuto ai bassi tassi iniziali dell'infestazione (Borroto *et al*., 2014) (Spiewok *et al*., 2007). Non ci sono altre segnalazioni note di SHB dai Caraibi ma le condizioni climatiche sono ideali per la diffusione di *Aethina*.

Come ha fatto *Aethina* a diffondersi ?

L'apicoltura nomade e/o la dispersione attiva di SHB sembrano essere cruciali (Québec, Canada (Evans *et al*, 2003, 2008;. Giovenazzo e Boucher, 2010), Coahuila, Messico (Del Valle Molina, 2007)). Inoltre, anche l'importazione ed esportazione di api e prodotti dell'alveare sembrano giocare un ruolo importante (Alberta, Canada, Australian package bees, Lounsberry *et al*., 2010). La sopravvivenza di SHB adulti e / o immaturi dipende sia dalle condizioni di conservazione durante il trasporto che dalla disponibilità di cibo. Inoltre, i controlli prima e dopo il commercio (ad esempio, i controlli alle frontiere) dovrebbero essere considerati. Tuttavia, sono stati segnalati anche percorsi piuttosto improbabili come la cera lavorata (Manitoba, Canada, cfr Neumann e Elzen, 2004). Strumenti genetici ci permettono di risalire all'origine delle popolazioni invasive, che possono essere utili per meglio mitigare introduzioni future. La sequenza mt-DNA di SHB dagli Stati Uniti e dal Sud Africa indicano che le popolazioni di entrambi i continenti appartengono a una singola specie, anche se non è chiaro se si è verificata un'unica o più introduzioni (Evans *et al*., 2000, 2003). In ogni caso, gli SHB nord americani iniziali condividevano la stessa fonte (Evans *et al*, 2008; Lounsberry *et al*, 2010). I focolai in Quebec, Canada, sembrano provenire dagli Stati Uniti (Evans *et al*., 2003, 2008), e sono stati tutti trovati vicino al confine con gli Stati Uniti.

Discussione

L'introduzione di *A. tumida* in areali lontani da quello endemico, come il Nord America, l'Australia, l'Europa e l'Asia, dimostra l'elevato potenziale di questo coleottero di diffondersi in tutto il mondo (vedi Capitolo Quattro). E' plausibile che l'importazione di pacchi d'ape, colonie di api mellifere e di bombi, regine, attrezzature apistiche o anche solo terreno (Brown et al., 2002) costituiscano potenziali percorsi invasivi per SHB. Tuttavia, allo stato attuale delle conoscenze non è ancora chiaro come SHB abbia effettivamente raggiunto gli Stati Uniti. La natura migratoria dell' apicoltura è probabilmente il più grande fattore di trasmissione di SHB all'interno negli Stati Uniti (Neumann e Elzen, 2004). Il modello di diffusione di SHB è probabilmente dominato da dispersione "con salti di lunga distanza" come avviene anche in altre specie invasive (Nentwig, 2007).

Dall'introduzione nel 1996 negli Stati Uniti, SHB sono diventati una minaccia globale sia per l'apicoltura che per le popolazioni di api selvatiche. Nonostante gli sforzi globali, essi continueranno a diffondersi. Il loro impatto futuro sarà probabilmente più grave nelle zone con popolazione di api gestite e selvatiche di derivazione europea, così come condizioni climatiche calde ed umide, entrambi fattori promotori della riproduzione di popolazioni di Aethina (vedi Capitolo Quattro). Pertanto, particolare preoccupazione dovrebbe essere indirizzata verso l'apicoltura del Centro e Sud America.

Gli apicoltori d'altro canto possono adattarsi a SHB, e semplici cambiamenti nella gestione degli apiari possono fare molto per limitare l'impatto di SHB sulle api allevate; le api native sono lasciate alla loro stessa difesa. Nelle prime fasi di infestazioni da SHB negli Stati Uniti, l'apicoltore medio potrebbe implementare un controllo chimico intorno all'alveare e anche nel terreno intorno alle arnie.

Anche l'uso di trappole con coumaphos era comune all'interno delle arnie. Attualmente, ci sono una serie di trappole non-chimiche in-alveare di largo uso negli Stati Uniti, che accoppiate con una buona igiene sia nell'alveare sia nell'apiario hanno permesso agli apicoltori di gestire SHB. Detto questo, quando le colonie di api sono sotto stress da V. destructor o da altre malattie, Aethina possono penetrare nelle colonie, con conseguenti esplosioni demografiche di SHB. Infine, gli allevatori di regine devono mettere in atto una guardia costante per mantenere Aethina a bassi livelli usando trappole nei nuclei di fecondazine e buone misure igienico-sanitarie nelle colonie più grandi. A. tumida è ben stabilito in Nord America e i coleotteri continuano la loro diffusione in Sud America. Gli apicoltori devono vigilare per la loro presenza e imparare dagli errori del passato, quando SHB hanno devastato apiari e laboratori di smelatura nel sud degli Stati Uniti, prima che pratiche di gestione e migliori opzioni di controllo fossero adottate.

Ringraziamenti

Desideriamo ringraziare Pierre Giovenazzo e Hug Smith per gli aggiornamenti provenienti da Canada e Giamaica.

Riferimenti bibliografici

Annand, N. (2011). Investigations of small hive beetle biology to develop better control options. MSc thesis, University of Western Sydney, Australia.

Arbogast, R. T., Torto, B., Teal, P. E. (2010). Potential for population growth of the small hive beetle *Aethina tumida* (Coleoptera: Nitidulidae) on diets of pollen dough and oranges. *Florida Entomologist*, 93(2), 224-230.

Arias, H. D. M. (2014). Small hive beetle infestation (*Aethina tumida*), El Salvador. OIE report. http://www.oie.int/wahis_2/public/wahid.php/Reviewreport/Review?page_refer=MapFullEventReport&reportid=14907

Berry, J. (2009). Small hive beetle round-up / Beetles come on strong in the south right now-be ready! *Bee Culture*, 137(10), 38-40.

Borroto, H., Chan, S. & Demedio, J. (2014). Diagnóstico de *Aethina tumida* Murray (Coleoptera: Nitidulidae) en colmenas (*Apis mellifera* L.) de Mayabeque, Memorias Jornadas Científicas por el 122 Aniversario del Sabio de la Medicina Veterinaria Cubana Dr. Ildefonso Pérez Vigueras, Universidad de Ciencias Médicas - Consejo Científico Veterinario. Pinar del Río, Cuba.

Brown, M. A., Thompson, H. M. & Bew, M. H. (2002). Risks to UK beekeeping from the parasitic mite *Tropilaelaps clareae* and the small hive beetle, *Aethina tumida*. *Bee World*, 83(4), 151-164. http://dx.doi.org/10.1080/0005772X.2002.11099558

Calderón Fallas, R. A., Montero, M. R., Arias, F. R., Villagra, W. V. (2015). Primer reporte de la presencia del pequeño escarabajo de la colmena *Aethina tumida*, en colmenas de abejas africanizadas en Nicaragua. *Cienc. Vet.* (in press).

Clay, H. (2006). Small hive beetle in Canada. *Hivelights*, 19, 14-16.

Connor, L. (2011a). Wipe out! The Big Island in crisis. *Bee Culture*, 139, 55-60.

Connor, L. (2011b), The Big Island in crisis: Part Two of the small hive beetle story in Hawaii. *Bee Culture*, 140, 23-27.

Darias, J. L. M. (2014). Small hive beetle infestation (*Aethina tumida*), Cuba. OIE report. http://www.oie.int/wahis_2/public/wahid.php/Reviewreport/Review?page_refer=MapFullEventReport&reportid=15673

de Guzman, L. I., Frake, A. & Rinderer, T. E. (2010). Seasonal population dynamics of small hive beetles, *Aethina tumida* Murray, in the south-eastern USA. *Journal of Apicultural Research*, 49(2), 186-191. http://dx.doi.org/10.3896/IBRA.1.49.2.07

Del Valle Molina, J. A. (2007). Small hive beetle infestation (*Aethina tumida*) in Mexico: Immediate notification report. Ref OIE: 6397, Report Date: 26/10/2007.

Dubuc, M. (2013). Small hive beetle infestation (*Aethina tumida*), Canada. OIE report. http://www.oie.int/wahis_2/public/wahid.php/Reviewreport/Review?page_refer=MapFullEventReport&reportid=14742

Ellis, J. D. & Hepburn, H. R. (2006). An ecological digest of the small hive beetle (*Aethina tumida*), a symbiont in honey bee colonies (*Apis mellifera*). *Insectes Sociaux, 53* (1), 8-19.

Ellis, J. D. & Munn, P. A. (2005) The worldwide health status of honey bees. *Bee World, 86*(4), 88-101. http://dx.doi.org/10.1080/0005772X.2005.11417323

Evans, J. D., Pettis, J., Hood, M. W. M. & Shimanuki, H. (2003). Tracking an invasive honey bee pest: mitochondrial DNA variation in North American small hive beetles. *Apidologie, 34,* 103-109.

Evans, J. D., Pettis, J. & Shimanuki, H. (2000). Mitochondrial DNA relationships in an emergent pest of honey bees: *Aethina tumida* (Coleoptera: Nitidulidae) from the United States and Africa. *Annals of Entomological Society of America*, 93, 415-420.

Evans, J. D., Spiewok, S., Teixeira, E. W. & Neumann, P. (2008). Microsatellite loci for the small hive beetle, *Aethina tumida*, a nest parasite of honey bees. *Molecular Ecology Resources,* 8(3), 698-700.

Food and Environment Research Agency. (2010). *The small hive beetle: a serious threat to European apiculture.* Food and Environment Research Agency; Sand Hutton, UK. 23 pp.

Giovenazzo, P. & Bernier, M. (2015). Situation du petit coléoptère de la ruche au Québec. *L'Abeille,* 37(2), 8-9.

Giovenazzo, P. & Boucher, C. (2010). A scientific note on the occurrence of the small hive beetle (*Aethina tumida* Murray) in Southern Quebec. *American Bee Journal,* 150, 275-276.

Gordon, R., Bresolin-Schott, N. & East, I. J. (2014). Nomadic beekeeper movements create the potential for widespread disease in the honey bee industry. *Australian Veterinary Journal,* 92, 283–290.

Gutierrez, M. R. (2014). Small hive beetle infestation (*Aethina tumida*), Nicaragua. OIE report. http://www.oie.int/wahis_2/public/wahid.php/Reviewreport/Review page_refer=MapFullEventReport&reportid=14888

Hood, M. W. M. (2000). Overview of the small hive beetle, *Aethina tumida*, in North America. *Bee World,* 81(3), 129-137. http://dx.doi.org/10.1080/0005772X.2000.11099483

Hood, M. W. M. (2004). The small hive beetle, *Aethina tumida*: a review. *Bee World,* 85(3), 51-59. http://dx.doi.org/10.1080/0005772X.2004.11099624

Hood, M. W. M. (2011). Handbook of small hive beetle IPM. Clemson University, Cooperative Extension Service. Extension Bulletin 160, pp. 20. http://www.extension.org/sites/default/files/Handbook_of_Small_Hive_Beetle_IPM.pdf

Kozak, P. (2010). *Small hive beetle.* Ontario Ministry of Agriculture, Food and Rural Affairs; Guelph, Ontario, Canada. 4 pp.

Lounsberry, Z., Spiewok, S., Pernal, S. F., Sonstegard, T. S., Hood, M. W. M., Pettis, J., Neumann, P. & Evans, J. D. (2010). Worldwide diaspora of *Aethina tumida* (Coleoptera: Nitidulidae), a nest parasite of honey bees. *Annals of the Entomological Society of America,* 103(4), 671-677.

Loza, L. M. S., Álvarez, L. G. L., Ugalde, J. A. G. (2014). *Manual: Neuvos manejesos en la apicultura para el control del pequeño escarabajo de la colmena. SAGARPA.* http://www.sagarpa.gob.mx/ganaderia/Documents/final%20MANUAL%202da%20EDICI%C3%93N.pdf

Martin, S. J. (2013). Double trouble in paradise: small hive beetle joins varroa in Hawaii. *American Bee Journal,* 153 (5), 529-532.

Milián, J. L. (2012). *Reporte de notificación de* Aethina tumida *a la OIE.* Dirección del Instituto de Medicina Veterinaria, Ministerio de la Agricultura, La Habana, Cuba.

Mustafa, S. G., Spiewok, S., Duncan, M., Spooner-Hart, R. & Rosenkranz, P. (2014). Susceptibility of small honey bee colonies to invasion by the small hive beetle, *Aethina tumida* (Coleoptera, Nitidulidae). *Journal of Applied Entomology,* 138(7), 547-550.

Nentwig, W. (2007). *Biological invasions.* Springer Verlag; Berlin, Germany.

Neumann, P. & Ellis, J. D. (2008). The small hive beetle (*Aethina tumida* Murray, Coleoptera: Nitidulidae): distribution, biology and control of an invasive species. *Journal of Apicultural Research,* 47(3), 181-183. http://dx.doi.org/10.3896/IBRA.1.47.3.01

Neumann, P. & Elzen, P. J. (2004). The biology of the small hive beetle (*Aethina tumida,* Coleoptera: Nitidulidae): Gaps in our knowledge of an invasive species. *Apidologie,* 35, 229-247.

Neumann, P; Hoffmann, D; Duncan, M; Spooner-Hart, R (2010) High and rapid infestation of isolated commercial honey bee colonies with small hive beetles in Australia. *Journal of Apicultural Research,* 49(4), 343–344. http://dx.doi.org/10.3896/IBRA.1.49.4.10

Neumann, P., Hoffmann, D., Duncan, M., Spooner-Hart, R. & Pettis, J. S. (2012). Long-range dispersal of small hive beetles. *Journal of Apicultural Research,* 51(2), 214-215. http://dx.doi.org/10.3896/IBRA.1.51.2.11

Pettis, J. S., Martin, D. & vanEngelsdorp, E. (2014). Migratory beekeeping. In *W. Ritter (Ed.), Bee Health and Veterinarians.* OIE, Paris, France. pp. 51-54.

Ramírez, M., Calderón, R. A., Hernández, P. & Benítez, J. (2014). Presencia del pequeño escarabajo de la colmena, Aethina tumida, en colmenas de abejas africanizadas en *Centroamérica. Bol. Parasitol.,* 15(3),1-2.

Robson, J. D. (2012). Small hive beetle Aethina tumida Murray (Coleoptera: Nitidulidae). Pest Alert 12-01. Plant Pest Control Branch, Division of Plant Industry, Department of Agriculture; Honolulu, Hawaii. http://hdoa.hawaii.gov/pi/files/2013/01/NPA-SHB-1-12.pdf

Spiewok, S. & Neumann, P. (2006). Cryptic low-level reproduction of small hive beetles in honey bee colonies. *Journal of Apicultural Research,* 45(1), 47-48. http://dx.doi.org/10.1080/00218839.2006.11101313

Spiewok, S. & Neumann, P. (2012). Sex ratio and dispersal of small hive beetles. *Journal of Apicultural Research*, 51(2), 216-217. http://dx.doi.org/10.3896/IBRA.1.51.2.12

Spiewok, S., Duncan, M., Spooner-Hart, R., Pettis, J. S. & Neumann, P. (2008). Small hive beetle, Aethina tumida, populations II: Dispersal of small hive beetles. *Apidologie*, 39(6), 683-693.

Spiewok, S., Pettis, J. S., Duncan, M., Spooner-Hart, R., Westervelt, D. & Neumann P. (2007). Small hive beetle, Aethina tumida, populations I: Infestation levels of honey bee colonies, apiaries and regions. *Apidologie*, 38(6), 595-605.

Van Engelsdorp, D., Underwood, R., Caron, D. & Hayes, J. (2007). An estimate of managed colony losses in the winter of 2006 - 2007. A report commissioned by the apiary inspectors of America. *American Bee Journal*, 147, 599-603.

Jeff S Pettis[1], Marc O Schäfer[2] e Peter Neumann[3,4]

[1]USDA-ARS Bee Research Laboratory, Beltsville, Maryland, USA.

[2]National Reference Laboratory for Bee Diseases, Friedrich -Loeffler-Institute (FLI), Federal Research Institute for Animal Health, Greifswald Insel-Riems, Germany.

[3]Institute of Bee Health, Vetsuisse Faculty, University of Bern, Bern, Switzerland.

[4]Social Insect Research Group, Department of Zoology & Entomology, University of Pretoria, Pretoria, South Africa.

Aethina tumida – un problema emergente nel 21esimo secolo   © *2019 International Bee Research Association*

SEI

Una lezione di *Aethina* dal Sud Africa

Christian Pirk e Abdullahi Yusuf

Introduzione

La recente rilevazione del piccolo scarabeo dell'alveare (SHB) *Aethina tumida* (Fig 1-6) in Italia ha provocato serie preoccupazioni all'interno delle comunità apistiche e agricole in Europa (Mutlinelli, 2014; Mutinelli et al, 2014;. Palmeri et al,. 2015). I capitoli precedenti hanno affrontato la sua presenza in Europa e negli Stati Uniti e le implicazioni in base alle diverse condizioni e legislazioni europee. Come mostrano i capitoli sull'introduzione di SHB in nuove aree, lo scarabeo ha la capacità di distruggere le colonie sane di *Apis mellifera* di origine europea. Anche se SHB può essere una seria minaccia per le aziende apistiche che usano origini europee di api mellifere, *Aethina* è considerato solo un parassita minore nel suo areale nativo (Hepburn e Radloff, 1998).

L'area nativa di SHB è l'Africa sub-sahariana, che è caratterizzata da diversi gradi di attività apistica, con l'industria dell'apicoltura Sudafricana piuttosto simile a quella europea (Dietemann et al., 2009). Anche se *Aethina* é identificata come causa di perdite di colonie in Sud Africa (Pirk et al., 2014) l'impatto economico è considerato essere piuttosto basso (Johannsmeier, 2001). Gl apicoltori che hanno annunciato SHB come potenziale causa di perdita di colonie non hanno perso più o meno colonie rispetto ai loro colleghi, il che suggerisce che la presenza di SHB, sebbene notata dagli apicoltori, non sta determinando alcun tipo di trattamento (Pirk et al., 2014).

Impatto in Sud Africa

A seconda della regione del Sud Africa, l'impatto di SHB è o leggermente maggiore di quello della tarma maggiore della cera (*Galleria mellonella*) o leggermente inferiore; ma molto meno rispetto a varroa o alla peste americana. Non è quindi una minaccia per il settore dell'apicoltura, ma piuttosto è un fastidio, che può essere affrontato mediante l'adozione di tecniche di gestione specifiche. Inoltre, fino

Fig. 1. Ape operaie che attaccano un SHB (impallinamento) di SHB (Foto: C. Laing).

Fig. 2. SHB corrono sui favi di miele e polline. Si noti che le api operaie in primo piano stanno ignorando il coleottero (Foto: C. Laing).

all'espansione in Nord America negli anni '90 (Neumann & Elzen, 2004; Neumann & Ellis, 2008; Capitolo Cinque) solo due articoli che affrontavano la biologia o ogni altro aspetto di *Aethina tumida* erano stati pubblicati (Lundie, 1940). Ad oggi più di 200 articoli scientifici hanno affrontato l'introduzione e gli effetti di SHB in America del Nord, Australia, Nord Africa e ora in Europa.

SHB può essere facilmente notato, anche da parte di apicoltori inesperti, quando si aprono le arnie, dal momento che i coleotteri si nascondono in fessure e cavità a cui le api operaie non hanno accesso, e/o anche corrono sopra il favo quando disturbati (Fig 1-3,5). Non appena le api operaie possono raggiungere i coleotteri li attaccano e cercano di rimuoverli dalla colonia (Neumann & Härtel 2004;.

Neumann et al, 2001).

Con le introduzioni di SHB in nuove aree, e la messa in contatto di *Aethina* con le api di origine europea, si pone la questione se le differenze fondamentali tra la sottospecie europee ed africane di *Apis mellifera* potrebbero spiegare le enormi differenze in termini di impatto che SHB ha avuto in Nord America (Eischen et al, 1998;. Sanford, 1998) rispetto all'impatto avuto all'interno della loro area nativa.

Abbiamo condotto esperimenti comportamentali a Grahamstown, Sud Africa e Umatilla, Florida, Stati Uniti d'America, che hanno rivelato differenze quantitative nei livelli di aggressività di api operaie verso *Aethina,* ma non qualitative (Elzen et al., 2001). Sulla base delle differenze quantitative si può concludere che SHB è riconosciuto

Fig. 3. SHB imprigionato in una crepa di una colonia *A. m. scutellata* (Foto: C W W Pirk).

come una minaccia dalle api europee. Inoltre, altri comportamenti osservati nelle api africane, come la costruzione di "prigioni" (Ellis et al, 2003b;.. Neumann et al, 2001) e l'essere indotti "a tradimento" a nutrire i coleotteri (Ellis et al, 2002b.) (Fig. 4) non sono stati osservati solo in api mellifere africane, ma anche in colonie europee (Ellis et al., 2003b). La presenza di SHB in colonie di api europee sta innescando comportamenti di abbandono dell'alveare ("absconding") (Ellis et al, 2003d.); sciamatura non riproduttiva (Fig. 7) come reazione a condizioni sfavorevoli nel luogo di nidificazione (Allsopp & Hepburn, 1997; Hepburn, 1988; Spiewok & Neumann, 2006;. Spiewok et al, 2006; Villa, 2004). Il comportamento di abbandono del nido era in realtà simile tra le api mellifere del Capo (A. m. capensis) in Sud Africa, e le api europee negli Stati Uniti,

Fig. 5. SHB cerca di nascondersi in fessure del tetto dell'alveare (Foto: C. Laing).

Fig. 4. Due SHB mendicano cibo ad un ape operaia (Foto: C W W Pirk).

quando sono state artificialmente infestate da SHB (Ellis et al., 2003e). Questi esperimenti sono stati condotti per 15 giorni, ongi giorno le colonie hanno ricevuto 100 SHB adulti, e sono state registrate le quantità di covata opercolata, polline inmagazzinato da api operaie adulte e l'attività di volo (Ellis et al., 2003e). I risultati mostrano che le api europee e quelle del Capo hanno avviato preparativi leggermente diversi per il loro prossimo evento di abbandono del nido (Fig. 7). Le api mellifere del Capo avevano ridotto in modo significativo i livelli di polline conservato. Hanno mantenuto la zona di covata opercolata e il numero di api adulte e la loro attività di volo era simile alle colonie di controllo (senza aggiunta di Aethina), mentre le api europee avevano diminuito la zona di covata

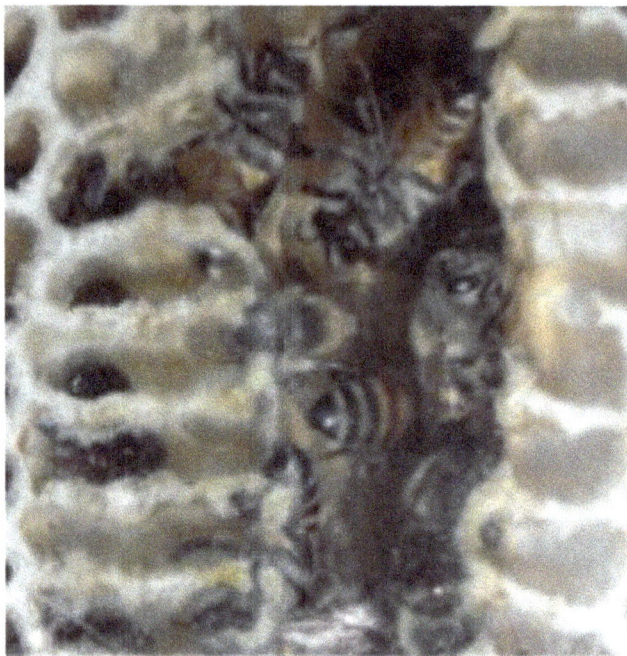

Fig. 6. SHB sorvegliate da api che si nascondono sul fondo di celle vuote (Foto: C W W Pirk).

opercolata, il numero di api adulte e relativa attività di volo, ma non ridotto il livello di polline immagazzinato (Ellis et al., 2003e). Ciò si tradurrebbe in un minor numero di api operaie che difendono le fonti di proteine (polline e covata) contro *Aethina*. Le api operaie del Capo hanno invece proseguito come al solito, garantendo in tal modo la presenza di abbastanza operaie in giro per affrontare i coleotteri. Un ridotto numero di api operaie fa sì che le scorte di polline siano più facilmente accessibili da SHB a causa di un minor numero di operaie che sono in giro per proteggere le scorte, che di per sé potrebbe generare il

conseguente ciclo di feedback positivo. È stato anche suggerito che SHB faciliti la diffusione di un lievito (*Kodamaea ohmeri*) sul polline, che a sua volta porta al rilascio di particelle volatili dal polline inoculato che attirano ancora più SHB (Torto et al., 2007). Tuttavia, le interazioni tra lievito, coleotteri e polline conservato non sono limitate agli areali in cui *Aethina* è invasiva ma anche in quelli in cui è nativa, dimostrando che questo non può spiegare le differenze nel comportamanento delle diverse popolazioni di api mellifere.

Se non è dunque la sottospecie di per sé, che cosa puo spiegare queste differenze nella gestione di SHB da parte delle api mellifere? Uno studio recente (Pirk e Neumann, 2013) ha indagato il livello di attività delle api operaie e come questo influenzi le interazioni con SHB. Api operaie giovani (<24 ore) ed anziane (<7 giorni) sono state testate nelle loro interazioni con SHB adulti. I risultati mostrano chiaramente che i livelli di attività delle operaie giovani e anziane non differivano, quindi non sembrano giocare un ruolo importante nel modo in cui il *Aethina* è imprigionata. Le operaie vecchie hanno attaccato il coleottero molto più spesso di quanto lo hanno fatto quelle giovani, che a loro volta hanno nutrito SHB significativamente più spesso (Pirk e Neumann, 2013). Il livello di aggressività o di attività potrebbe influenzare i risultati delle interazioni tra api e SHB. Se l'aggressività o l'attività è bassa, *Aethina* sono ignorate e nutrite dalle api, il che significa che la colonia ospitante potrebbe cadere preda di SHB. Il parassita verrà tenuto sotto controllo se l'aggressività o l'attività è sufficientemente elevata, risultando in un numero di api sufficientemente alto in giro per inseguire i coleotteri nelle "prigioni" o fuori dall'alveare.

Pratiche apistiche.

Sembra quindi che ci siano solo differenze quantitative e non qualitative tra le sottospecie e che i livelli di attività potrebbero svolgere un ruolo cruciale. La lezione dunque da trarre dal range naturale di SHB è che l'apicoltura è comunque possibile adoperando solo piccoli aggiustamenti alle pratiche apistiche. In generale, devono essere seguite "le buone pratiche apistiche" in modo che non vi siano fonti di prodotti dell'alveare disponibili perchè *Aethina* possa riprodursi e continuare il suo ciclo di vita. Buona pulizia ed

Fig. 7. Sciame di *A. m. scutellata* stabilitosi presso un vecchio edificio agricolo della Università di Pretoria (Foto: C W W Pirk).

igiene dell'alveare, apiario e zone di stoccaggio sono quindi necessarie. Durante la raccolta del miele, l'apicoltore dovrebbe smelare i favi immediatamente o conservarli a 4 ° C o in contenitori sigillati a tenuta di SHB. Lo stesso vale per i vecchi favi se la loro conservazione è necessaria; altrimenti, si dovrebbe astenersi dal farlo, se possibile. Le api devono essere sostenute nel difendersi da *Aethina* assicurandosi che le arnie non abbiano crepe e cavità, che permettono a SHB di nascondersi dalle api operaie. Occorre garantire che tutte le parti dell'alveare siano accessibili alle api operaie. Un problema specifico sono telai troppo vicini tra loro che non permettono alle operaie di accedere alle aree principali in cui SHB riprodurrà. Lo spazio all'interno della colonia dovrebbe corrispondere alla dimensione della popolazione delle api, assicurando così che ci siano abbastanza operaie intorno per mantenere il SHB sotto controllo (Fig. 6). In particolare, quando il nido di covata e / o la popolazione di operaie si sta restringendo durante l'inverno o la stagione secca, gli apicoltori devono ridurre lo spazio a disposizione o fornire alla colonia api, in modo che le operaie possano coprire l'intero alveare. Inoltre, la riduzione delle dimensioni dell'ingresso all'alveare può probabilmente aiutare le api ad affrontare i coleotteri di *Aethina* prima ancora della loro entrata nel colonia (Ellis et al, 2002a, 2003a;. Neumann et al, 2013). SHB sono un problema meno importante nelle regioni settentrionali del Sud Africa rispetto alla tarma della cera e la gestione di *Aethina* è difficile quanto la gestione della tarma da cera (Strauss et al, 2013).; si devono seguire le buone pratiche dell'apicoltura. Nel caso della riproduzione di massa di SHB nelle colonie, è importante rimuovere tutte le parti infestate della colonia, ad esempio i favi. Dal momento che in tali circostanze l'impupamento delle larve di SHB sarà anche in atto nel terreno al di fuori degli alveari, il trattamento del suolo potrebbe essere anche applicato per garantire che adulti di *Aethina* appena nati non re-infestino l'apiario (Lundie, 1940; Neumann & Ellis, 2008; Neumann & Elzen, 2004). Al di fuori dell'areale nativo sembra anche importante mantenere sotto controllo altri parassiti, come la *Varroa*, ed è possibile utilizzare trappole per ridurre i carichi di coleotteri all'interno delle singole colonie. Vedere gli altri capitoli per ulteriori informazioni.

La regola generale è quindi quella di aiutare le api ad aiutare se stesse, mantenendo colonie forti, fornendo loro l'accesso a tutte le parti dell'alveare dove i coleotteri potrebbero nascondersi e / o riprodursi. Inoltre è fondamentale non consentire ad *Aethina* di riprodursi fuori della colonia, come ad esempio nel laboratorio di smelatura o in vecchi favi conservati. Questi accorgimenti di buona pratica dell'apicoltura possono rendere la presenza di SHB relativamente facile da gestire.

Riferimenti bibliografici

Allsopp, M. H., & Hepburn, H. R. (1997). Swarming, supersedure and mating system of a natural population of honey bees (*Apis mellifera capensis*). *Journal of Apicultural Research, 36(1)*, 41-48. http://dx.doi.org/10.1080/00218839.1997.11100929

Dietemann, V., Pirk, C. W. W., & Crewe, R. M. (2009). Is there a need for conservation of honey bees in Africa? *Apidologie, 40*, 285-295.

Eischen, F. A., Baxter, J. R., Elzen, P. J., Westervelt, D., & Wilson, W. T. (1998). Is the small hive beetle a serious pest of US honey bees? *American Bee Journal, 138(12)*, 882-883.

Ellis, J. D., Delaplane, K. S., Hepburn, R., & Elzen, P. J. (2002a). Controlling small hive beetles (*Aethina tumida* Murray) in honey bee (*Apis mellifera*) colonies using a modified hive entrance. *American Bee Journal, 142(4)*, 288-290.

Ellis, J. D., Delaplane, K. S., Hepburn, R., & Elzen, P. J. (2003a). Efficacy of modified hive entrances and a bottom screen device for controlling *Aethina tumida* (Coleoptera : Nitidulidae) infestations in *Apis mellifera* (Hymenoptera : Apidae) colonies. *Journal of Economic Entomology, 96(6)*, 1647-1652. http://dx.doi.org/10.1603/0022-0493-96.6.1647

Ellis, J. D., Hepburn, H. R., Ellis, A. M., & Elzen, P. J. (2003b). Social encapsulation of the small hive beetle (*Aethina tumida* Murray) by European honey bees (*Apis mellifera* L.). *Insectes Sociaux, 50(3)*, 286-291. http://dx.doi.org/10.1007/S00040-003-0671-7

Ellis, J. D., Hepburn, R., Delaplane, K. S., & Elzen, P. J. (2003d). A scientific note on small hive beetle (*Aethina tumida*) oviposition and behaviour during European (*Apis mellifera*) honey bee clustering and absconding events. *Journal of Apicultural Research, 42(3)*, 47-48. http://dx.doi.org/10.1080/00218839.2003.11101089

Ellis, J. D., Hepburn, R., Delaplane, K. S., Neumann, P., & Elzen, P. J. (2003e). The effects of adult small hive beetles, *Aethina tumida* (Coleoptera : Nitidulidae), on nests and flight activity of Cape and European honey bees (*Apis mellifera*). *Apidologie, 34(4)*, 399-408. http://dx.doi.org/10.1051/apido:2003038

Ellis, J. D., Pirk, C. W. W., Hepburn, H. R., Kastberger, G., & Elzen, P. J. (2002b). Small hive beetles survive in honey bee prisons by behavioural mimicry. *Naturwissenschaften, 89*, 326-328.

Elzen, P. J., Baxter, J. R., Neumann, P., Solbrig, A., Pirk, C., Hepburn, H. R., Westervelt, D. & Randall, C. (2001). Behaviour of African and European subspecies of *Apis mellifera* toward the small hive beetle, *Aethina tumida*. *Journal of Apicultural Research, 40(1)*, 40-41. http://dx.doi.org/10.1080/00218839.2001.11101049

Hepburn, H. R. (1988). Absconding in the African honey bee - the queen, engorgement and wax secretion. *Journal of Apicultural Research, 27(2)*, 95-102. http://dx.doi.org/ 10.1080/00218839.1988.11100787

Hepburn, H. R., & Radloff, S. E. (1998). *Honey bees of Africa*. Springer Verlag; Berlin, Germany.

Johannsmeier, M. F. (2001). *Beekeeping in South Africa*: ARC-Plant Protection Research Institute; South Africa.

Lundie, A. E. (1940). The small hive beetle, *Aethina tumida*. *Science Bulletin Union of South Africa, 220*, 5-19.

Mutinelli, F. (2014). The 2014 outbreak of the small hive beetle in Italy. *Bee World, 91(4)*, 88-89. http://dx.doi.org/10.1080/0005772X.2014.11417618

Mutinelli, F., Montarsi, F., Federico, G., Granato, A., Maroni Ponti, A., Grandinetti, G., Ferrè, N., Franco, S., Duquesne, V., Rivière, M.-P., Thiéry, R., Henrikx, P., Ribière-Chabert, M. & Chauzat, M.-P. (2014). Detection of *Aethina tumida* Murray (*Coleoptera: Nitidulidae.*) in Italy: outbreaks and early reaction measures. *Journal of Apicultural Research, 53*, 569-575. http://dx.doi.org/10.3896/IBRA.1.53.5.08

Neumann, P. & Ellis, J. D. (2008). The small hive beetle (*Aethina tumida* Murray, Coleoptera: Nitidulidae): distribution, biology and control of an invasive species. *Journal of Apicultural Research, 47(3)*, 181-183. http://dx.doi.org/10.3896/IBRA.1.47.3.01

Neumann, P., & Elzen, P. J. (2004). The biology of the small hive beetle (*Aethina tumida*, Coleoptera : Nitidulidae): Gaps in our knowledge of an invasive species. *Apidologie, 35(3)*, 229-247.

Neumann, P., Evans, J. D., Pettis, J. S., Pirk, C. W. W., Schäfer, M. O., Tanner, G. & Ellis, J. D. (2013). Standard methods for small hive beetle research. In *V. Dietemann, J. D. Ellis & P. Neumann (Eds) The COLOSS BEEBOOK: Volume II: Standard methods for* Apis mellifera *pest and pathogen research. Journal of Apicultural Research, 52(4)*, http://dx.doi.org/10.3896/IBRA.1.52.4.19

Neumann, P., & Härtel, S. (2004). Removal of small hive beetle (*Aethina tumida*) eggs and larvae by African honey bee colonies (*Apis mellifera scutellata*). *Apidologie, 35(1)*, 31-36.

60

Neumann, P., Pirk, C. W. W., Hepburn, H. R., Solbrig, A. J., Ratnieks, F. L. W., Elzen, P. J., & Baxter, J. R. (2001). Social encapsulation of beetle parasites by Cape honey bee colonies (*Apis mellifera capensis* Esch.). *Naturwissenschaften, 88(5),* 214-216. http://dx.doi.org/10.1007/s001140100224

Palmeri, V., Scirtò, G., Malacrinò, A., Laudani, F. & Campolo, O. (2015). A new pest for European honey bees: first report of *Aethina tumida* Murray (Coleoptera Nitidulidae) in Europe. *Apidologie, 46(4),* 527-529. http://dx.doi.org/10.1007/s13592-014-0343-9

Pirk, C. W. W., Human, H., Crewe, R. M., & vanEngelsdorp, D. (2014). A survey of managed honey bee colony losses in the Republic of South Africa - 2009 to 2011. *Journal of Apicultural Research, 53(1),* 35-42. http://dx.doi.org/10.3896/IBRA.1.53.1.03

Pirk, C. W. W., & Neumann, P. (2013). Small hive beetles are facultative predators of adult honey bees. *Journal of Insect Behavior, 26,* 796-803. http://dx.doi.org/10.1007/s10905-013-9392-6

Sanford, M. T. (1998). *Aethina tumida*: a new bee hive pest in the Western Hemisphere. *APIS (University of Florida), 16 (7),* 1-5.

Spiewok, S., & Neumann, P. (2006). The impact of recent queenloss and colony phenotype on the removal of small hive beetle (*Aethina tumida* Murray) eggs and larvae by African honey bee colonies (*Apis mellifera capensis* Esch.). *Journal of Insect Behavior, 19(5),* 601-611. http://dx.doi.org/10.1007/S10905-006-9046-Z

Spiewok, S., Neumann, P., & Hepburn, H. R. (2006). Preparation for disturbance-induced absconding of Cape honey bee colonies (*Apis mellifera capensis* Esch.). *Insectes Sociaux, 53,* 27-31.

Strauss, U., Human, H., Gauthier, L., Crewe, R. M., Dietemann, V., & Pirk, C. W. W. (2013). Seasonal prevalence of pathogens and parasites in the savannah honey bee (*Apis mellifera scutellata*). *Journal of Invertebrate Pathology, 114(1),* 45-52. http://dx.doi.org/10.1016/j.jip.2013.05.003

Christian W W Pirk e Abdullahi A Yusuf

Social Insect research Group, Department of Zoology & Entomology, University of Pretoria, Private Bag X20, Hatfield 0028, Pretoria, South Africa.
Email: cwwpirk@zoology.up.ac.za

SETTE

Aethina in Australia

Robert Spooner-Hart, Nicholas Annand e Michael Duncan

Introduzione

Vi è una certa discrepanza nei documenti che attestano l'iniziale scoperta del piccolo coleottero dell'alveare (SHB), *Aethina tumida* (Murray) in Australia. Tuttavia, è certo che i coleotteri sono stati per la prima volta osservati in alveari a Richmond, New South Wales (NSW) (33.5653 ° S, 150,7597 ° E) e presso l'Università di Western Sydney (UWS) Hawkesbury Campus a East Richmond (33.6206 ° S, 150.7317 ° E) a 2 km di distanza, e che campioni di coleotteri furono sottoposti per l'identificazione presso la NSW Department of Agriculture ai primi di luglio 2002.

I coleotteri furono inviati all'Orange Agricultural Institute ed elaborati e registrati seguendo le procedure standardizzate, poiché furono inizialmente ritenuti essere appartenenti ad una specie endemica australiana non classificata trovata sulla South Coast nel corso del 2001, ma alla fine di luglio furono identificati come *Aethina* sp. (Spence, 2002). Tuttavia, non fu fino al 24 ottobre che gli esemplari vennero inviati alla CSIRO Division of Entomology dove furono identificati come *Aethina tumida* il 25 ottobre. La conferma della diagnosi venne fornita da un coleotterologo presso l'Australian National Insect Collection il 31 ottobre. In quel periodo, la presenza di

Aethina venne segnalata anche in alveari a Camperdown (33.8880 ° S, 151,1869 ° E) a 50 km di distanza, Gosford (33.4267 ° S, 151,3417 ° E) a 50 km in linea d'aria e a 90 km su strada, e Wedderburn (34,1261 ° S, 150.8179 ° E) a 70 km (Spence 2002), presumibilmente tutte diffuse attraverso la movimentazione di alveari infestati.

Risposta iniziale alla incursione

Al momento della sua scoperta, SHB era una malattia definita nell'ambito della legge sulle malattie esotiche degli animali del NSW, ma non rientrante nelle disposizioni della legge in materia di compensazione. SHB rientrava anche nella classificazione di malattia di categoria 3 nell'ambito dell'Accordo interventi d'emergenza malattie degli animali (Emergency Animal Disease Response Agreement, (finanziata al 50:50 tra industria e governo), ma non esisteva alcuna specifica strategia di AUSVETPLAN (piano nazionale, statale e distrettuale di pronto intervento malattie degli animali) per questo parassita (Fogarty 2002), anche se era in piedi una strategia generale per malattie e parassiti esotici delle api.

Il giorno della diagnosi originale (25 ottobre 2002), gli apiari del UWS e del Richmond vennero messi in quarantena e furono avviati i procedimenti di rintracciamento, ispezione e quarantena degli apiari contagiati. Il 1 ° novembre 2002 una Dichiarazione della Sezione 76 di Malattia Esotica fu emessa e una zona di sicurezza (RA) fu realizzata che impediva il movimento di qualsiasi ape e/o prodotto delle api all'interno, in entrata o

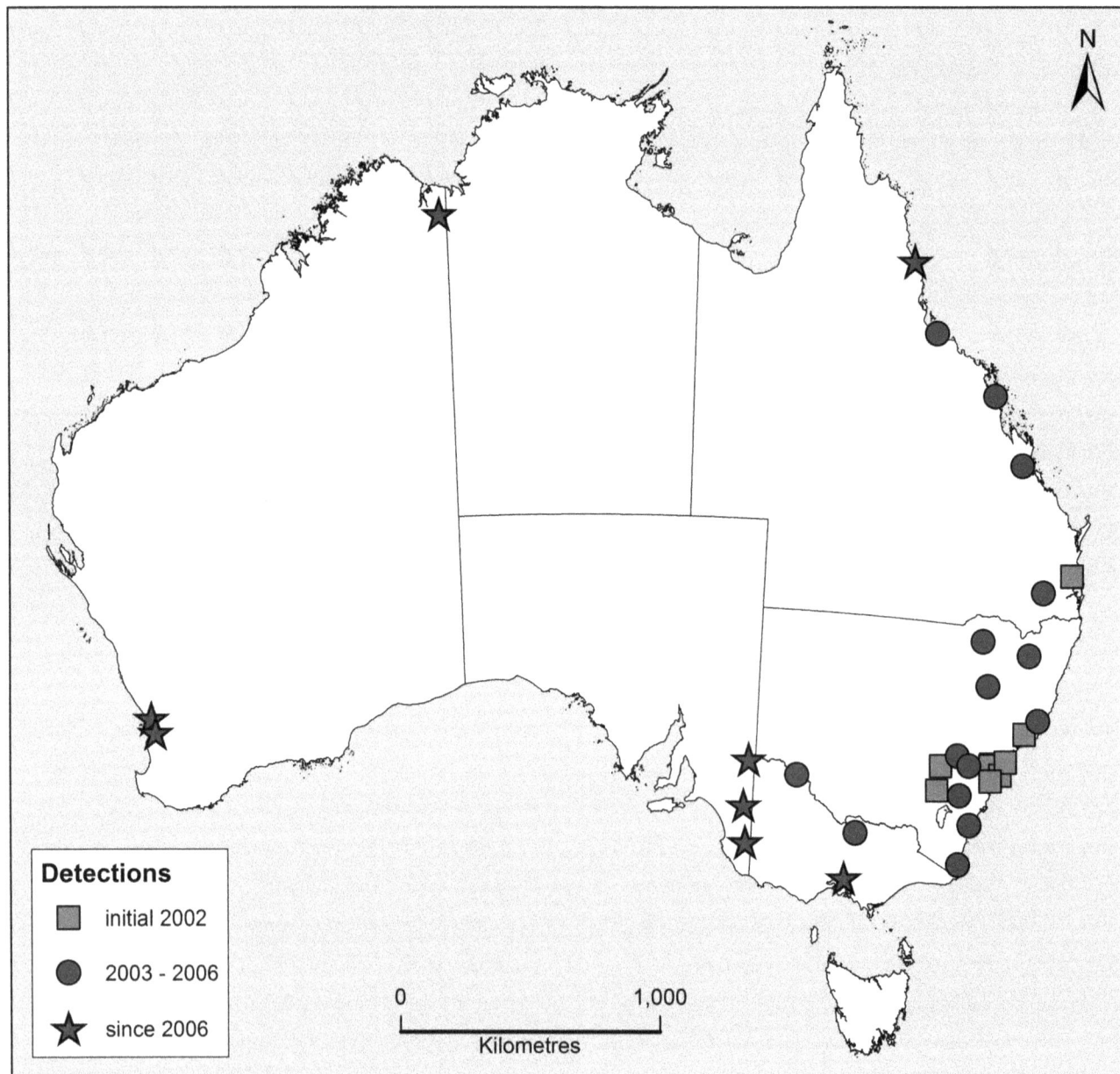

Fig. 1. Mappa con segnalazioni di SHB in Australia.

in uscita da questa zona che includeva l'area metropolitana di Sydney e Gosford, con 33 aziende poste in quarantena (Toffolon, 2002). Una sede istituzionale di controllo della malattia (SDCHQ) fu istituita il 31 ottobre 2002, ed un centro locale di controllo della malattia (LDCC) venne successivamente stabilito a UWS il 5 novembre 2002. Il SDCHQ continuò a gestire anche le zone dello Stato al di fuori dell'area di sicurezza (RA) del bacino di Sydney. Successivamente, altre zone di sicurezza vennero stabilite a Stroud (32,4036 ° S, 151,9670 ° E) (5 novembre), Cowra (33.8350 ° S, 148,6925 ° E) (7 novembre) e Binalong (34.6667 ° S, 148,6500 ° E) (7 novembre), tutte collegate ai movimenti degli alveari infestati dal bacino di Sydney (Spence, 2002). In seguito un Gruppo di Gestione Nazionale di Aethina fu istituito e, per sua gestione, la Animal Health Australia stabilì un comitato direttivo di SHB (Animal Health Australia, 2003).

Un primo sondaggio venne condotto sotto la supervisione del SDCHQ. La prima fase dello studio era quella di valutare l'entità dell'infestazione. Personale tecnico dalla NSW Agricolture esaminò l'evoluzione dei movimenti degli alveari infestati ed ispezionò gli alveari associati a questi movimenti (Gillespie et al., 2003). Tutti gli alveari commerciali e selvatici (dove individuati) nel raggio di 3 km da infestazioni confermate vennero ispezionati, con possibile inclusione in questa ricerca di apiari commerciali nel raggio di 10 km, a seconda dell'ambiente e la posizione di questi apiari commerciali (Bell non datato, Bell, citato in Gillespie et al., 2003). Tuttavia, fu presto concluso che

l'eradicazione di Aethina tumida non era possibile, a causa della sua diffusione e della sua presenza in colonie selvatiche e il 26 novembre 2002 la National Emergency Animal Disease Management Group annunciò che l'eradicazione della infestazione di SHB in Australia non sarebbe stata tentata, e che una strategia nazionale sarebbe stata sviluppata per aiutare gli apicoltori a gestire le infestazioni di Aethina (Spence, 2002).

Nella seconda fase del sondaggio, i 3.200 apicoltori registrati in tutta la NSW furono contattati per posta il 2 dicembre 2002 con consigli sul problema Aethina, ed un questionario d'indagine, con la richiesta d'ispezionare i loro alveari e inviare campioni di eventuali coleotteri identificati. Questo database dei rilievi venne completato nel gennaio 2003; dei 1.059 resoconti facenti parte del database, vi furono 120 rilevamenti positivi con 12 di questi in alveari selvatici (Gillespie et al., 2003). Di queste rilevazioni, tre apiari infetti si trovavano nella zona di sicurezza dello Stroud , 7 nella zona di sicurezza della Cowra (tra cui un alveare selvatico) e 1 nella zona di sicurezza del Binalong (Gillespie et al., 2003).

Dato il grado di diffusione e di attecchimento, Gillespie et al. (2003) conclusero che probabilmente SHB era stato presente in New South Wales per almeno sei mesi prima della sua scoperta. La nostra opinione, coerente con quella di Animal Health Australia (2003), è che questa è una sottostima e che è probabile che SHB fosse stato presente già da più di un anno.

Il susseguirsi della distribuzione e lo status di SHB è

Tabella I. Lista di progetti su SHB finanziati da Rural Industries Research & Development Corporation (RIRDC).

Anni	Titolo progetto	Ente responsabile	Commenti / pubblicazioni
2003	Studio di SHB negli USA	NSW Department of Agriculture	Somerville (2003)
2003-2004	Uso della manipolazione della temperature per il controllo di SHB	NSW Department of Agriculture	
2003-2004	Controllo chimico di SHB Parte I	NSW Department of Agriculture	Levot (2009)
2003	Indagine sulle trappole per la cattura di SHB	NSW Department of Agriculture	Nessuna relazione. Probabilmente confluito nel progetto di controllo chimico
2004	Indagine sugli attrattivi e feromoni nel controllo di SHB	Victorian Department of Primary Industries	Non finanziato a causa, in parte, di ridotta disponibilità finanziaria
2004-2007	Controllo chimico di SHB Parte II	NSW Department of Agriculture	Levot (2007, 2009)
2006-2010	Opzioni fornite dall biologia di SHB	NSW Department of Agriculture	Annand (2011a, 2011b)
2006-2007	Controllo sostenibile di SHB attraverso il controllo degli stadi che abitano il suolo	UWS	Spooner-Hart (2008)
2007-2008	Possibilità di controllo in-alveare del SHB tramite uso di funghi entomopatogeni	Queensland DPI	Leemon (2009)
2008-2009	Valutazione di fondianti-varroa per l'incremento nella produzione di miele (incluso SHB)	UWS	Spooner-Hart (2010); Keshlaf & Spooner-Hart (2013)
2009-2011	Commercializzazione di strumento per l'ancoraggio di SHB	NSW Department of Industry & Investment*	Levot (2012)
2010-2011	Bio-controllo di SHB in –alveare tramite funghi entomopatogeni	Queensland DPI	Leemon (2012)
2013-2014	Trappola di ancoraggio APITHOR™ : prove di sicurezza e residualità	NSW Department of Primary Industries*	Levot (2014)
2014-2017	Trappola esterna con attrattivo per SHB	Queensland DPI	

stato riportato da Rodi e McCorkell (2007) in NSW a seguito di un sondaggio nel 2006, e da Neumann & Ellis (2008) e Annand (2011). Le interviste sono state condotte da uno degli autori (NA) nel maggio 2015 assieme ad ufficiali di stato del settore apistico al fine di aggiornare questa situazione. Quanto segue è una raccolta di tutti questi dati. Una mappa che mostra le rilevazioni di SHB segnalate in Australia viene presentata in Fig 1. I rilevamenti sono separati in 3 fasi: 2002, le rilevazioni iniziali; 2003-2006, le successive rilevazioni che mostrano la diffusione associata con il movimento degli alveari subito dopo le rilevazioni iniziali; e dopo il 2006, le più recenti rilevazioni mostrano la diffusione negli stati Australiani occidentali.

SHB nel New South Wales e nell' Australian Capital Territory

A seguito delle rilevazioni iniziali, SHB si diffuse rapidamente in gran parte del New South Wales (NSW) orientale, principalmente attraverso il movimento degli alveari infestati. Entro la metà del 2003, SHB è stato trovato lungo gran parte della costa da Sydney in direzione nord verso Taree (31.9000 ° S, 152,4500 ° E) (Rankmore, 2003; 2007, citato in Annand, 2011), una distanza di ca. 300 km. Verso la fine del 2003, *Aethina* è stata trovata da Batemans Bay (35.7081 ° S, 150,1744 ° E) nel sud fino a Vittoria (33.4331 ° S, 149,3515 ° E, ESL 981 m), Gunnedah (30.9667 ° S, 150,2500 ° E) , Moree (29.4658 ° S, 149,8339 ° E) e Glen Innes (29.7500 ° S, 151,7361 ° E, ESL 1062 m) ad ovest ed a nord, una distanza nord-sud di oltre 800 km

(Annand 2011). SHB ha continuato a diffondersi in tutto lo stato (Rankmore, 2003; 2007, citato in Annand, 2011). Un'indicazione del tasso di diffusione è quella rappresentata dai 15 distretti esaminati da Rhodes and McCorkell in NSW: SHB era presente in tre distretti nel 2002, sei distretti nel 2003, 13 distretti nel 2004 e in tutti e 15 i distretti nel 2006. I numeri di *Aethina* e i danni agli alveari sono stati peggiori sul lato orientale del Great Dividing Range a nord della Batemans Bay, dove condizioni umide e calde sono più comuni (Rhodes e McCorkell, 2007). Nelle lontane aree occidentali asciutte, i freddi altipiani e il sud dello stato SHB è stato molto meno problematico (Rhodes e McCorkell, 2007), probabilmente a causa di condizioni climatiche meno favorevoli per il completamento del suo ciclo di vita. Tuttavia, un cambiamento di condizioni ad una primavera ed estate molto più umide nel 2010-11 è risultata in segnalazioni di perdite di alveari in aree precedentemente pensate come a basso rischio di attacco SHB. Notizie di danni SHB da Eden, città costiera del sud (37,0667 ° S, 149,9000 ° E) vicino al confine vittoriano e intorno alle zone fredde, tra cui Blue Mountains (Clinton, 2011, cit Annand, 2011), Goulburn (34,7547 ° S, 149.6186 ° E, 702 m ESL) (Somerville, 2011, citato in Annand, 2011) e Oberon (33.7167 ° S, 149,8667 ° E, 1100 m ESL) (Taylor, 2011, citato in Annand, 2011) suggeriscono che può essere un parassita importante per gran parte dello Stato quando le condizioni sono favorevoli. In alcune zone è difficile accertare se SHB è stabilito, o se *Aethina* accompagna solo i movimenti dell'alveare. Ai fini della diffusione di SHB, l'Australian Capital Territory (ACT) è considerata come parte del New South Wales. Il clima dell'altopiano della ACT sembra limitare lo stabilimento di SHB come un parassita importante; tuttavia, ci sono state segnalazioni aneddotiche di perdite di alveari per SHB durante l'estate del 2010-11 (Annand, 2011).

Prima dell'arrivo di SHB, la maggior parte delle attività di allevamento di api regine nell'Australia orientale erano condotte dal bacino di Sydney verso nord, lungo la costa verso la Queensland meridionale . Oltre al danno diretto agli alveari causati da SHB, soprattutto ai nuclei, le restrizioni di quarentena imposte a livello nazionale e internazionale hanno pesantemente colpito le vendite sul mercato interno e d'esportazione di regine allevate in zone con presenza conclamata di SHB. Conseguentemente, molti grandi allevatori di api regine hanno o cessato la loro attività o hanno spostato le loro operazioni al di sopra del Great Dividing Range dove le condizioni climatiche sono più fresche e meno umide. Questa è risultata essere un'efficace strategia di gestione di SHB. Attualmente, la principale attività di SHB rimane nella zona centrale e settentrionale costiera di NSW con continua forte pressione di *Aethina* nel bacino di Sydney. Abbiamo recentemente osservato che anche alveari apparentemente forti e sani possono essere gravemente impattati da SHB.

SHB nel Queensland

Il governo del Queensland (Qld) fu notificato il 28 ottobre 2002 di movimenti di alveari provenienti da Richmond, distretto del NSW, e SHB vennero trovati in alveari a Beerwah (26.8556 ° S, 152,9600 ° E) nella Queensland costiera e in sei apiari nelle immediate vicinanze (Lamb, 2007, cit Annand, 2011). Nell'aprile 2003, personale tecnico ispezionò alveari per SHB in 40 apiari sparsi in tutto lo stato e non furono trovate altre tracce d'infestazioni. Tuttavia, nel maggio 2003, una ispezione degli alveari nel raggio 15 km attorno alle prime colonie infestate dimostrò che SHB si stava diffondendo naturalmente poichè era presente negli alveari in quella zona (Lamb, 2007, cit Annand, 2011). Nel 2003 un sondaggio fu inviato per posta a tutti gli apicoltori registrati nella Qld: delle 98 risposte, 3 segnalavano di aver visto SHB e uno restituiva un campione positivo (Lamb, 2007, cit Annand, 2011).

Dopo questa data, il tasso di diffusione si è intensificato, senza dubbio attraverso il movimento degli alveari. *Aethina* è stato trovato in Toowoomba (27,5667 ° S, 151,9500 ° E) nel mese di ottobre del 2004, nel gennaio 2006 a Rockhampton (23.3750 ° S, 150,5117 ° E) e nel giugno 2006 a Mackay (21.1411 ° S, 149,1861 ° E) e Townsville (19,2564 ° S, 146,8183 ° E) (Lamb, 2007, cit Annand, 2011). Simile a NSW, SHB ha causato più problemi agli apicoltori lungo le aree costiere più umide di Qld. SHB è stata trovato a Cairns (16.9256 ° S, 145,7753 ° E) e nell'altopiano di Atherton nel nord del Queensland nel 2011. È interessante notare che *Aethina* è stato trovato allo stesso tempo anche in colonie della specie *Apis cerana java* nella zona di Cairns a seguito di una consolidata incursione nel 2007. Attualmente, la distribuzione principale di SHB è lungo la costa e nell'entroterra verso Goondiwindi e nel sud-est della Queensland. Non vi è alcun programma di monitoraggio continuativo o di segnalazione (Hamish Lamb, pers. Comm. Maggio 2015).

SHB nel Victoria

Aethina è stata rilevata per la prima volta nel Victoria (Vic) nell'agosto 2003 in alveari di un apicoltore del NSW (Joe Riodan, pers. Comm. Maggio 2015), e gli alveari sono stati immediatamente portati indietro. Incursioni successive sono state rilevate nell'agosto 2005 in alveari provenienti dalla costa sud del NSW (Joe Reardon, pers. Comm. Maggio 2015) e di nuovo nel mese di agosto del 2007, associate al movimento di massa di colonie per l'impollinazione dei mandorli nella zona secca della Victoria del nord-ovest (Kaczynski, 2007, cit Annand, 2011).

SHB può ora essere regolarmente trovato in quasi tutta la zona di Victoria, con la maggior parte degli alveari contenenti alcuni SHB. Le estati di tipo mediterraneo in combinazione con le condizioni asciutte del 2003-2009 probabilmente hanno aiutato a rallentare la diffusione di *Aethina* nel Victoria, mentre le condizioni bagnate dell'estate 2010-11 hanno portato SHB a diventare più problematico (Martin, 2011, citato in Annand, 2011). Le zone in cui gli apicoltori hanno sperimentato problemi con SHB e occasionali abbandoni degli alveari sono i distretticentrale e nord-est di Melbourne (Riordan, 2010, cit Annand, 2011). Il fatto che SHB debba ancora diventare un parassita importante e consolidato per gli apicoltori in questo stato indica che le condizioni sono subottimali.

SHB è attualmente presente in gran parte della Victoria, con picchi di presenza numerica registrati durante condizioni climatiche calde e umide. *Aethina* si può trovare in colonie di api forti e sane in cui solitamente non provoca gravi danni, ma in particolare attacca alveari che sono già compromessi / malati / , e impatta seriamente solo colonie dove l'apicoltore pratica una cattiva gestione dell'alveare (Joe Riordan, pers. comm. Maggio 2015) .

SHB in Australia Occidentale Nel settembre 2007 SHB è stato identificato nel alveari nel nord del Western Australia (Australia Occidentale, WA) a Kununurra (15.7736 ° S, 128,7386 ° E) (Trend 2010, citato Annand, 2011). Si sospetta che l'incursione sia avvenuta tramite arnie che avveano contenuto colonie malate che erano stati inviati a sud-est Qld per irradiazione nel luglio 2006 e restituite contenenti SHB (Manning, 2008, cit Annand 2011; Bill Trend, pers comm. Maggio 2015). Alcuni alveari spostati da Kununurra sono stati rintracciati a WA meridionale dove SHB è stato trovato nell'ottobre 2007 a West Swan (31.8500 ° S, 115,9770 ° E) e Jarrahdale (32.3390 ° S, 116,0620 ° E), vicino a Perth. Questi alveari (62) sono stati distrutti immediatamente e nessun ulteriore SHB è stato rilevato nella parte meridionale dello stato (Bill Trend, pers. comm. Maggio 2015). Come risultato di queste incursioni, nel 2008 è stata introdotta una legislazione di quarantena per impedire il movimento degli alveari e per obbligare alla disinfezione e ispezione delle attrezzature ape prima della loro movimentazione. Una popolazione SHB rimane a Kununurra. Ispezioni e monitoraggio periodico è stato condotto tra 2008-2012 a sud-ovest Western Australia utilizzando trappole con serbatoio di olio oltre a alveari sentinella (circa. 150 alveari) (Bill Trend, pers. comm. Maggio 2015).

SHB in Australia del Sud

L'Australia del Sud (SA) è il più recente stato australiano in cui SHB si sta affermando. Ci sono stati diversi rilevamenti di *Aethina* in SA. I primi due erano da alveari del Vic trasportati oltre il confine, ma le rilevazioni più recenti sono state in alveari locali. Il primo è stato a maggio 2011 quando più adulti SHB sono stati trovati in alveari spostati illegalmente a Ngarkat Conservation Park (35.7167 ° S, 140,6000 ° E) al confine SA-Vic, e che sono stati spostati di nuovo a Vic. Il secondo è stato a maggio 2012 a Naracoorte (36.9500 ° S, 140,7500 ° E) in SA orientale, vicino al confine SA-Vic, dove sono stati trovati coleotteri e larve in alveari alimentati con polline supplementare. Il terzo rilevamento è stato nel dicembre 2014 a Renmark (34.1667 ° S, 140,7333 ° E) nella zona di Riverland. SHB continua ad essere rilevato in apiari intorno a Renmark. In aprile 2015 un totale di 62 *Aethina* adulti sono stati raccolti in trappole di sorveglianza da 9 piccoli apiari separati appartenenti a sette diversi apicoltori (Michael Stedman, pers. comm. Maggio 2015).

SHB nei Territori del Nord

Il Northern Territory (NT) ha rilevato una incursione di un singolo SHB adulto nel settembre 2010 in una spedizione di api regine provenienti da Qld. Protocolli per l'ingresso di regine nel NT sono stati successivamente modificati per ridurre al minimo la possibilità di una diffusione ripetuta tramite introduzioni di regine. Il monitoraggio di SHB continua con alveari sentinella, e senza che ulteriori rilevamenti siano stati registrati (Vicki Simlesa, pers comm. Maggio 2015).

SHB e Tasmania.

Non ci sono stati rilevamenti di SHB in Tasmania (Tas), dove vengono monitorati alveari sentinella per SHB posti ai quattro porti di aria / mare (Karla Williams, pers. comm. Maggio 2015). Api regine che entrano in Tas devono essere ispezionate sia prima del trasporto che all'arrivo a Tas, prima del rilascio (Andrewartha, 2013).

SHB associati con specie di api diverse da *Apis mellifera*

Come riportato in precedenza, SHB è stato rilevato in colonie di *Apis cerana* nella zona Cairns di Qld in seguito ad una infestazione ivi stabilitasi, ma non è in corso un programma di monitoraggio .

Api senza pungiglione

L'Australia è la patria di circa 15 specie di api senza pungiglione appartenenti a due generi *Tetragonula* e *Austroplebeia* (Halcroft et al., 2013), con sei specie di *Tetragonula* (Michener, 2013) e la specie australiana

Austroplebeia in corso di definizione (Halcroft et al., presentato) e le specie dell' Australia e della Nuova Guinea in corso di revisione (Anne Dollin, pers. comm. maggio 2015). Le api senza pungiglione sono essenzialmente tropicali, prosperano solo in zone calde dell'Australia, come Qld, le zone settentrionali di WA e NT, e nelle zone nord-est del New South Wales (Dollin, http://www.aussiebee.com.au/australian-stingless- bees.html # question2), ad eccezione di *T. carbonaria* che è distribuita fino all'estremo sud come a Bega NSW (36,6667 ° S). Ci sono segnalazioni aneddotiche di SHB in alveari di api senza pungiglione ragionevolmente sani, più comunemente dopo la sciamatura o la scissione (ad esempio, Halcroft, 2012; Wade, 2012), nonché notizie del loro inserimento in alveari sani durante un'indagine nelle serre, (Neumann et al 2012) anche se nessun SHB è stato osservato in alveari di *T. carbonaria* mantenute a UWS Richmond, adeccezione fatta di quelle che sono morte da altre cause. Greco et al. (2010) hanno riportato che operaie di *T. carbonaria* mummificano immediatamente adulti di SHB vivi che invadono l'alveare rivestendoli con una miscela di resina, cera e fango e Halcroft et al. (2010) hanno riportato comportamenti difensivi pronti e decisi in *A. australis* contro uova SHB introdotte, larve di 3 giorni di età e coleotteri adulti (compresala loro mummificazione), concludendo che questa specie ha metodi di difesa dell'alveare ben sviluppati che probabilmente aiutano a ridurre al minimo l'ingresso e la sopravvivenza di SHB.

Risposta degli apicoltori all'introduzione di SHB

Inizialmente la risposta ha assunto connotati di rabbia da parte di alcuni apicoltori verso il NSW Department of Agriculture (ad esempio Malfroy, 2003), per la carenze percepite in materia di sorveglianza e ritardo nell'identificazione della SHB. Anche se i rapporti iniziali indicavano che i livelli di perdita di alveari da infestazioni di SHB erano bassi (Neumann & Elzen, 2004), non passò molto tempo prima della mutazione di questa situazione. A seguito di un sondaggio nel NSW del 2006 , Rhodes & McCorkell (2007) riferirono che più di 4500 colonie erano andate perdute in quello stato dall' introduzione di SHB nel 2002, con costi medi stimati di A$ 10.529 per ogni apicoltore durante questo lasso di tempo. Annand (2011) ha registrato che un numero di apicoltori commerciali aveva perso fino al 30% dei loro alveari. SHB ha anche causato gravi problemi per gli allevatori e produttori di api regine e pacchi d'ape situati nel bacino di Sydney e nella zona centro-orientale della costa australiana. Una delle introduzioni di SHB in Canada è stata attribuita alla importazione di pacchi d'ape dall'Australia (Lounsberry et al., 2010), con conseguente chiusura del commercio di pacchi d'ape dall' Australia orientale al Canada nel 2007 (Annand, 2011).

In assenza di pesticidi registrati, gli apicoltori inizialmente non erano in grado di utilizzare legalmente qualsiasi misura di controllo chimico contro SHB nei loro apiari. La concessione nel dicembre 2002 di un permesso da parte della Australian Pesticides and Veterinary Medicines Authority APVMA) per l'utilizzo di permetrina come un prodotto per trattare il terreno intorno agli alveari o per terreni destinati al posizionamento degli alveari, ha fornito agli apicoltori un'opzione limitata per la protezione degli alveare da *Aethina*. Il APVMA successivamente (dicembre 2007) ha concesso un permesso per l'utilizzo di fosfuro di alluminio per la fumigazione dei favi SHB-infestati in seguito a una relazione favorevole in base a prove effettuate da Levot & Haque (2006a). Tuttavia, non vi era alcuna opzione legale per gli apicoltori per il controllo all'interno dell'alveare.

In assenza di trappole disponibili in commercio, un certo numero di apicoltori ha impiegato trappole fatte in casa (ad esempio, ricavate da copri compact disc o da scatole di esche da pesca, vedere Annand, 2011), in alcuni casi, incorporando insetticidi non registrati per l'uso in alveare. Tuttavia, due trappole commerciali in-alveare furono sviluppate dagli apicoltori. Queste erano AJs Beetle Eater™ (una trappola a taglio contenente olio vegetale alla base) (http://www.ajsbeetleeater.com.au/), che ha dimostrato di essere efficace in studi condotti in Canada (Bernier et al., 2015), e BEETLTRA, un cassettino nero in plastica con rotaie scorrevoli montate esternamente sotto il telaio inferiore dell'alveare. Quest'ultima trappola è consigliata dai suoi produttori per l'uso in combinazione con i fori di fuga per il coleottero praticati nel telaio di fondo dell'alveare (Heenan & Heenan, 2007) e con calce idrata o fluida, o olio (Annand 2008) nel cassettino; gli apicoltori che utilizzano farina fossile hanno segnalato che questa combinazione sia altamente efficace (Tim Malfroy, pers. comm. Giugno 2015).

Ora c'è anche ampia disponibilità della trappola APITHOR™ sviluppata da Levot (2007, 2008, 2009; 2012; 2014) come dispositivo usa e getta per un singolo uso in-alveare (https://www.apithor.com.au/), contenente fipronil.

Come riportato in precedenza, molti grandi allevatori di api regine e produttori di pacchi d'ape situati nel bacino di Sydney e la costa orientale sono state fortemente influenzati da SHB, ed hanno o cessato le attività o spostato le loro operazioni al di sopra del Great Dividing Range dove le condizioni sono più fresche e meno umide. Questo ha dimostrato di essere un'efficace strategia di gestione contro *Aethina*. Allevatori di api regine ancora situati in zone con SHB si sono allontanati da un uso di colonie mini-nucleo in favore di colonie nucleo più grandi e forti che sono più facilmente in grado di resistere a SHB (Mustafa et al., 2014).

La maggior parte dell'apicoltura in Australia avviene in alveari Langstroth con 8 o 10 telai. Vi è un crescente interesse per l'apicoltura Warré, in particolare da apicoltori hobbisti, con favi naturali e ridotte pratiche gestione / manipolazione dell'alveare, e ci sono notizie che, mentre adulti SHB possono essere presenti in piccoli numeri in questi alveari, non vi sono state infestazioni significative con riproduzione (Tim Malfroy, pers. comm. Giugno 2015).

Progetti di ricerca SHB finanziati

A seguito della decisione che l'eradicazione dell' infestazione di *Aethina* non era fattibile e che una strategia nazionale sarebbe stata sviluppata per aiutare gli apicoltori a gestire le infestazioni di SHB, alla Animal Health Australia è stato richiesto di coordinare e mediare un finanziamento per un piano di gestione di *Aethina* nazionale (SHB National Management Plan) (Animal Health 2003). Gli obiettivi del piano erano: I. Ridurre l'impatto sulla produttività, rallentare la diffusione di SHB in Australia e ridurre al minimo i danni agli apiari infetti individuando misure chimiche, non chimici e di gestione; 2. Implementare la sorveglianza in maniera economica al fine di consentire il monitoraggio e la segnalazione della diffusione; 3. Sviluppare un programma di comunicazione continuo per mantenere apicoltori e industrie orticole informate; e 4. Fornire un piano di coordinamento e revisione nazionale efficace dai costi contenuti.

I partecipanti al SHB National Management Plan insieme al SHB NMG e il Rural Industries Research & Development Corporation (RIRDC) hanno dato vita ad un SHB Expert Steering Committee (comitato direttivo di SHB) composto da rappresentanti esperti del Commonwealth e dai governi degli Stati colpiti, RIRDC e la Austrial Honey Bee Industry Council. Un certo numero di progetti di ricerca e attività chiave furono identificate e finanziate come parte della risposta del National Management Plan (piano di gestione nazionale) per il periodo 2002-2004 con un bilancio operativo di A $ 177,000 e A $ 867.000 in beni e servizi. La prima attività è stata un tour di studio-inchiesta dei rappresentanti del governo e del settore industriale negli USA nel marzo 2003, visitando una vasta gamma di istituti

di ricerca e aziende apistiche (Somerville, 2003). Altri progetti inclusero indagini su possibilità di trattamenti chimici in-alveare e in terra, trappole in-alveare, refrigerazione e congelamento e attrattivi di SHB. La risposta del piano di gestione comprendeva anche un sistema di sorveglianza, monitoraggio e di reportistica gestito a livello statale.

Un elenco di tutti i progetti SHB finanziati attraverso il Programma Honey bee di RIRDC (ora Honey bee and Pollination), fondata nel 1989 dal governo australiano per lavorare insieme all'industria nell' investire in ricerca e sviluppo, è fornita nella Tabella I. In aggiunta al lavoro finanziato da RIRDC, un contributo significativo alla ricerca di SHB in Australia e a livello internazionale è stato fatto dal Prof. Peter Neumann, Università di Berna, Svizzera, (ex Martin-Luther University di Halle, Germania) e il suo team, tra cui Sebastian Spiewok, Sven Buchholz, Dorothee Hoffmann e Sandra Mustafa che ha visitato l'Australia quattro volte per le attività di ricerca a partire dall'estate 2005 all'autunno del 2007, parte di un progetto di visita di ricerca internazionale finanziato dalla UWS. Per Neumann, questo è stato un prolungamento del suo progetto originale di network DUKAT (Diagnostica Und Kontrolle di *Aethina tumida*, il piccolo coleottero dell'alveare).

Durante queste visite, Neumann e il suo team hanno condotto numerose indagini in collaborazione con il personale UWS sulla biologia, ecologia e la gestione di SHB. L'Australia è stata anche utilizzata per fornire dati di campo complementari a quelli raccolti negli Stati Uniti ed in

Sud Africa. Questa collaborazione ha portato alla produzione di un certo numero di pubblicazioni (Spiewok et al, 2007;. Buchholz et al, 2008;.. Halcroft et al, 2008;. Neumann et al, 2008; Spiewok et al, 2008;.. Buchholz et al, 2009; Greco et al, 2009;. Neumann et al, 2010;. Halcroft et al, 2011;. Buchholz et al, 2011; Spiewok e Neumann, 2012;. Neumann et al, 2012;. Mustafa et al, 2014). Nel novembre 2005, Neumann ha condotto un seminario nazionale su SHB alla UWS per i ricercatori, funzionari di governo e per l'industria apistica.

Discussione e conclusione

La scoperta iniziale e l'apparente rapida diffusione di SHB in Australia forniscono alcune lezioni salutari. Sebbene esistesse un programma National Hunt Sentinel, SHB non era in un elenco di specie da monitorare (in realtà, nessun coleottero era nell'elenco).

Ci sono prove genetiche che l'introduzione di SHB sia avvenuta dal Sudafrica e che era il ceppo Durban (Anderson, 2002). Ci sono notevoli speculazioni su come è arrivato, ma non è stato determinato nulla di definitivo. Tuttavia, è chiaro che il suo arrivo iniziale non è stato rilevato per un certo tempo e che il movimento di alveari infetti ha provocato la sua diffusione, non solo all'interno del bacino di Sydney e della costa centrale Qld, ma successivamente in altri stati.

L'apicoltura australiana è altamente migratoria, poiché gli apicoltori cercano il flusso di nettare, spesso attraversando i confini statali in questa ricerca con alveari e attrezzature.

L'apicoltura migratoria è stata esacerbata dalla perdita di risorse floreali (Paton, 2008) e nei periodi di siccità. Inoltre, vi è una notevole migrazione di alveari per l'impollinazione delle colture. Il più grande evento di impollinazione in Australia è per i mandorleti, situati nel sud del NSW, nel nord di Vic e SA, mentre il secondo è per la produzione di sementi di erba medica in SA. È stato stimato che 164.000 alveari sono necessari durante una stagione per l'impollinazione dei mandorli (Keogh et al., 2010) e poichè gli alberi del mandorlo fioriscono durante l'inverno, devono essere reperiti alveari forti, provenienti da luoghi adatti; questi sono probabilmente anche ambienti favorevoli a SHB. Gordon et al. (2014) hanno sostenuto che il movimento "nomade" degli alveari in Australia crea potenziali malattie diffuse nell'industria delle api, e ha riferito che nei tre mesi successivi al termine dell'impollinazione dei mandorli in agosto (tardo inverno), il movimento degli alveari è avvenuto da Robinvale e Boundary Bend, sul confine Vic-NSW, verso 49 località che vanno da sud-est Qld a Vic-sud-ovest.

Sembra inoltre che l'alta densità delle colonie selvatiche di *A. mellifera* in molte parti dell'Australia (Oldroyd et al., 1997) e in particolare nel distretto di Richmond del bacino di Sydney abbia contribuito all'insediamento di SHB nell'ambiente locale, rendendo impossibile l'eradicazione. Il monitoraggio iniziale per SHB, ad esempio, ha riferito che di 120 rilevazioni positive, 12 erano in alveari selvatici (Gillespie et al., 2003).

Poiché l'Australia è l'unico paese di apicoltura senza

l'acaro parassita *Varroa destructor*, lo scenario SHB fornisce un caso di studio per la probabile diffusione rapida di un parassita esotico delle api dopo la sua introduzione e conferma l'importanza dei programmi di sorveglianza e di individuazione precoce. L'Australia ha in corso un programma nazionale di sorveglianza dei parassiti (precedentemente il National Sentinel Hive Programme) che è stato trasferito da Animal Health Australia a Plant Health Australia nel 2012. Ha due obiettivi principali: facilitare l'esportazione di api regine e pacchi d'ape verso paesi sensibili a vari parassiti e patogeni delle api, fornendo informazioni tecniche basate su elementi di prova per sostenere lo status di "pest free" dell'Australia durante i negoziati per l'esportazione e assistendo gli esportatori nel soddisfare i requisiti in materia di certificazione delle esportazioni; e ii. per agire come un sistema di allarme rapido per individuare nuove incursioni di parassiti esotici (http://www.planthealthaustralia.com.au/national-programs/national-bee-pest-surveillance-program/).

In conclusione, SHB è ormai endemica per la maggior parte degli stati australiani continentali, anche se con l'eccezione di NSW e Qld, ha una distribuzione limitata. La sua attività più grave è nelle regioni costiere di NSW e Qld. Non è probabile che sia endemico in località non favorevoli alla sua sopravvivenza, ma può causare notevoli perdite in aree non precedentemente colpite quando le condizioni stagionali forniscono un ambiente adeguato (Annand, 2011). Resta da vedere quali effetti i cambiamenti climatici avranno sulla sua distribuzione e 'abbondanza. Purtroppo, ci sono recenti eveidenza da osservazioni sperimentali nostre e di altri (Cheers, 2007, citato Annand, nel 2011) che anche colonie forti, oltre che le più deboli, possono essere gravemente influenzate da SHB, in particolare sotto alta pressione parassitaria. Di conseguenza, le pratiche di gestione integrate dovranno essere impiegate con diligenza dagli apicoltori situati in aree in cui l'SHB è endemica e gli apicoltori in aree adatti a SHB ma non ancora gravemente colpite dovranno rimanere vigili.

Ringraziamenti

Ringraziamo con piacere Michael Franklin (UWS) per il contributo della mappa di distribuzione SHB. Il nostro sincero ringraziamento agli ufficiali apistici di Stato per informazioni preziose sullo status di SHB nei loro rispettivi stati: Hamish Lamb, Ispettore (Biosicurezza) Animal Biosecurity and Welfare, Queensland Dipartimento dell'Agricoltura Pesca e Foreste; Joe Riordan, Senior Apiary Officer, Dipartimento di Sviluppo Economico, Lavoro, Trasporti e Risorse, Victoria; Vicki Simlesa, responsabile tecnico Crocodiles & Apiary Officer, Northern Territory Government; Michael Stedman, Ispettore Maggiore, Primary Industries & Resources South Australia; Bill Trend, Senior Apiculturist, Dipartimento di Agricoltura e Alimentazione, Australia occidentale; Karla Williams, Specialista Programma - Apiario, Dipartimento di Industrie Primarie, Parchi, Acqua e Ambiente Quarantena, Tasmania. I nostri ringraziamenti vanno anche ai numerosi apicoltori che ci hanno fornito informazioni sulle proprie esperienze

74

con SHB.

Riferimenti bibliografici

Anderson, D. (2002). Research needs for the small hive beetle in Australia. *Honeybee News, November/December 2002*, 10–11.

Andrewartha, R. (2013). *Tasmanian plant biosecurity. Routine Import Risk Analysis (IRA) Importation of queen bees.* Department of Primary Industries, Parks, Water and Environment; Tasmania. http://dpipwe.tas.gov.au/Documents/IRA_Queen_Bees.pdf

Annand, N. (2008). *Small hive beetle management options.* Prime Fact 764, NSW DPI https://www.dpi.nsw.gov.au/data/assets/pdf_file/0010/220240/small-hive-beetle-management-options.pdf

Annand, N. (2011a). Investigations on small beetle biology to develop better control options. MSc thesis, University of Western Sydney, Penrith NSW, Australia. http://researchdirect.uws.edu.au/islandora/object/uws%3A11253/datastream/PDF/view

Annand, N. (2011b). *Small hive beetle biology: providing control options.* PRJ-000510 Pub. No. 11/044 RIRDC; Canberra, Australia. https://rirdc.infoservices.com.au/downloads/11-044

Anon. (2003). *Small hive beetle national management plan.* Animal Health Australia. http://honeybee.org.au/pdf/SHB_FINAL_Mgt_Plan_AHA%2031-10-03_.pdf

Bell, I. (undated). *Health Regulation Sub-program. Suspected Detection of an Exotic pest of Apiaries. Small hive beetle (Aethina tumida).*

Bernier, M., Fournier, V., Eccles, L. & Giovenazzo, P. (2014). Control of *Aethina tumida* (Coleoptera: Nititulidae) using in-hive traps. *Canadian Entomologist, 147*, 97-108.

Buchholz, S. B., Schäfer, M. O., Spiewok, S., Pettis, J. S., Duncan, M., Ritter, W., Spooner-Hart, R. & Neumann, P. (2008). Alternative food sources of *Aethina tumida* (Coleoptera: Nitidulidae). *Journal of Apicultural Research, 47*(3), 202-209. http://dx.doi.org/10.3896/IBRA.1.47.3.08

Buchholz, S., Merkel, K., Spiewok, S., Pettis, J. S., Duncan, M., Spooner-Hart, R., Ritter, W. & Neumann, P. (2009). Alternative control of *Aethina tumida* Murray (Coleoptera: Nitidulidae) with lime and diatomaceous earth. *Apidologie, 40*, 535-548.

Buchholz, S., Merkel, K., Spiewok, S., Imdorf, A., Pettis, J., Westervelt, D., Ritter, W., Duncan, M., Rosenkranz, P., Spooner-Hart, R. & Neumann, P. (2011). Organic acids and thymol: unsuitable alternative control of *Aethina tumida* Murray (Coleoptera: Nitidulidae). *Apidologie, 42*, 349-363.

Fogarty, R. (2002). *Small hive beetle (Aethina tumida) in honey bees, Richmond NSW.* State Disease Control Headquarters SITREP No 1 Monday 28 October 2002, NSW Agriculture; Orange NSW, Australia.

Gillespie, P., Staples, J., King, C., Fletcher, M. J. & Dominiak, B. C. (2003). Small hive beetle, *Aethina tumida* (Murray) (Coleoptera; Nitidulidae) in New South Wales. *General and Applied Entomology, 32,* 5-7.

Gordon, R., Bresolin-Schott, N. & East, I. J. (2014). Nomadic beekeeper movements create the potential for widespread disease in the honey bee industry. *Australian Veterinary Journal, 92,* 283-290.

Greco, M., Hoffmann, D., Dollin, A., Duncan, M., Spooner-Hart, R. & Neumann, P. (2009). The alternative Pharaoh Approach: Stingless bees mummify beetle parasites alive. *Naturwissenschaften, 97,* 319-323.

Halcroft, M. T., Dollin, A., Francoy, T. M., King, J. E., Riegler, M., Haigh, A. M. & Spooner-Hart, R. N. (2015). Delimiting the species within the genus *Austroplebeia*, an Australian stingless bee, using multiple methodologies. *Apidologie* (submitted).

Halcroft, M., Spooner-Hart, R. & Dollin, L. A. (2013) Australian stingless bees. In *Pot-honey: a legacy of stingless bees, P. Vit, S. Pedro, D. W. Roubik (Eds).* Springer; New York, USA. pp. 35-72.

Halcroft, M., Spooner-Hart, R. & Neumann, P. (2011). Behavioural defence strategies of the stingless bee, *Austroplebeia australis,* against the small hive beetle, *Aethina tumida. Insectes Sociaux, 58,* 245-253.

Halcroft, M., Spooner-Hart, R. & Neumann, P. (2008). A non-invasive and non-destructive method for observing in-hive behaviour of the Australian stingless bee, *Austroplebeia australis. Journal of Apicultural Research, 47 (1),* 82–83. http://dx.doi.org/10.1080/00218839.2008.11101428

Halcroft, M., Spooner-Hart, R. & Neumann, P. (2011). Behavioural defence strategies of the stingless bee, *Austroplebeia australis,* against the small hive beetle, *Aethina tumida. Insectes Sociaux, 58,* 245-253.

Heenan, L. & Heenen, P. (2007). Small hive beetle tray. *Honeybee News, March/April 2007,* p.33.

Keogh, R., Mullins, I. & Robinson, A. (2010). *Pollination aware case study: Almond.* RIRDC; Canberra, Australia. 8 pp. https://rirdc.infoservices.com.au/items/10-108

Keshlaf, M. & Spooner-Hart, R. (2013). Evaluation of anti-varroa bottom boards to control small hive beetle (*Aethina tumida*). *World Academy of Science, Engineering and Technology, International Science Index* 84, *International Journal of Biological, Food, Veterinary and Agricultural Engineering, 7,* 809-811.

Leemon, D. & McMahon, J. (2009). *Feasibility study into in-hive fungal bio-control of small hive beetle.* PRJ-000037, Pub. No. 09/090 RIRDC, Canberra, Australia. https://rirdc.infoservices.com.au/items/09-090

Leemon, D. (2012). *In-hive fungal biocontrol of small hive beetle.* PRJ-004150 Pub.No. 12/012 RIRDC, Canberra, Australia. https://rirdc.infoservices.com.au/items/12-012.

Levot, G. W. & Haque, N. M. (2006). Disinfestation of small hive beetle *Aethina tumida* Murray (Coleoptera: Nitidulidae) infested stored honey comb by phosphine fumigation. *General and Applied Entomology, 35, 43-44.*

Levot, G. (2007). *Insecticidal control of small hive beetle: Developing a ready-to-use product.* DAN216A Pt II, Pub. No. 07/146, https://rirdc.infoservices.com.au/items/07-146

Levot, G. W. (2008). An insecticidal refuge trap to control adult small hive beetle, *Aethina tumida* Murray (Coleoptera: Nitidulidae) in honey bee colonies. *Journal of Apicultural Research,* 47(3), 222-228. http://dx.doi.org/10.3896/IBRA.1.47.3.11

Levot, G. (2009). *Progress in developing strategies for the insecticidal control of small hive beetles.* RIRDC, Canberra, Australia https://rirdc.infoservices.com.au/items/09-182 2pp.

Levot, G. (2012). *Commercialisation of the small hive beetle harbourage device.* PRJ-004606, Pub. No. 11/122 RIRDC, Canberra, Australia. https://rirdc.infoservices.com.au/items/11-122.

Levot, G. (2014). *APITHOR™ small hive beetle harbourage trap safety and residue trials.* PRJ-008774, Pub. No. 13/106 RIRDC, Canberra, Australia. https://rirdc.infoservices.com.au/items/13-106.

Lounsberry, Z., Spiewok, S., Pernal, S. F., Sonstegard, T. S., Hood, W. M., Pettis, J., Neumann, P. & Evans, J. D. (2010). Worldwide diaspora of *Aethina tumida* (Coleoptera: Nitidulidae), a nest parasite of honey bees. *Annals of the Entomological Society of America,* 103, 671-677.

Malfroy, F. (2003). Letter to Editor. Response to "Discovery of the small hive beetle in Australia". *Honeybee News,* January/February 2003, p. 38.

Mustafa, S. G., Spiewok, S., Duncan, M., Spooner-Hart, R. & Rosenkranz, P. (2014). Susceptibility of small honey bee colonies to invasion by the small hive beetle, *Aethina tumida* (Coleoptera, Nitidulidae). *Journal of Applied Entomology,* 138(7), 547-550. http://dx.doi.org/10.1111/jen.12111

Neumann, P. & Ellis, J. D. (2008). The small hive beetle (*Aethina tumida* Murray, Coleoptera: Nitidulidae): distribution, biology and control of an invasive species. *Journal of Apicultural Research,* 47(3), 181-183. http://dx.doi.org/10.3896/IBRA.1.47.3.01

Neumann, P. & Elzen, P. (2004). The biology of the small hive beetle (*Aethina tumida,* Coleoptera: Nitidulidae): Gaps in our knowledge of an invasive species. *Apidologie,* 35, 229-247.

Neumann, P; Hoffmann, D.; Duncan, M.; Spooner-Hart, R. (2010) High and rapid infestation of isolated commercial honey bee colonies with small hive beetles in Australia. *Journal of Apicultural Research,* 49(4), 343-344. http://dx.doi.org/10.3896/IBRA.1.49.4.10

Neumann, P., Hoffmann, D., Duncan, M., Spooner-Hart, R. & Pettis, J. S. (2012). Long-range dispersal of small hive beetles. *Journal of Apicultural Research*, 51(2), 214-215. http://dx.doi.org/10.3896/IBRA.1.51.2.11

Neumann, P. & Hoffmann, D. (2008). Small hive beetle diagnosis and control in naturally infested honey bee colonies using bottom board traps and CheckMite+ strips. *Journal of Pest Science*, 81, 43-48.

Oldroyd, B. P., Thexton, E. G., Lawler, S. H. & Crozier, R. H. (1997). Population demography of Australian feral bees (*Apis mellifera*). *Oecologia*, 111, 381-387.

Paton, D. C. (2008). Securing long-term floral resources for the honey bee industry. UA-66A Pub. No. 08/087. RIRDC, Canberra, Australia. https://rirdc.infoservices.com.au/downloads/08-087

Rhodes, J. & Mccorkell, B. (2007). Small hive beetle in NSW Apiaries 2002-6: Survey results 2006. *Honeybee News*, September 2007, pp. 27–28.

Spence, S. (2002). *Briefing Note: Summary of small hive beetle outbreak*. Technical Specialist (Farm Product Integrity), NSW Agriculture.

Spiewok, S., Duncan, M., Spooner-Hart, R., Pettis, J., Neumann, P. (2008). Small hive beetle, *Aethina tumida*, populations II: Dispersal of small hive beetles. *Apidologie*, 39, 683-693.

Spiewok, S. & Neumann, P. (2012). Sex ratio and dispersal of small hive beetles. *Journal of Apicultural Research*, 51(2), 216-217. http://dx.doi.org/10.3896/IBRA.1.51.2.12

Spiewok, S., Pettis, J. S., Duncan, M., Spooner-Hart, R., Westervelt, D. & Neumann, P. (2007). Small hive beetle, *Aethina tumida*, populations I: Infestation levels of honey bee colonies, apiaries and regions. *Apidologie*, 38, 595-605.

Toffolon, R. (2002). *Small hive beetle* (Aethina tumida) *in honey bees, Richmond NSW*. SDCHQ SITREP No. 5, Friday 1 November 2002, NSW Agriculture.

Somerville, D. (2003). *Study of the small hive beetle in the USA*. A report for the Rural Industries Research and Development Corporation DAN-213A, Pub. No. 03/050 RIRDC, Canberra, Australia. https://rirdc.infoservices.com.au/items/03-050

Spooner-Hart, R. (2008). *Sustainable control of small hive beetle through targeting in-ground stages*. UWS-22A, Pub. No. 08/115 RIRDC, Canberra, Australia. https://rirdc.infoservices.com.au/items/08-115

Spooner-Hart, R. (2010). *Evaluation of anti-varroa boards to increase honey production in Australian honey bees*. PRJ-00355 Pub. No. 10/011 RIRDC, Canberra, Australia. https://rirdc.infoservices.com.au/items/10-011

Wade, R. (2012). Keeping out small hive beetles. *Aussie Bee*. http://www.aussiebee.com.au/abol-018.html

Weatherhead, T. (2006) *Honeybee News*, July/August 2006 p. 36.

Robert Spooner-Hart[1,3], Nicholas Annand[2] e Michael Duncan[1]

[1] School of Science and Health, University of Western Sydney, Penrith NSW 2750 Australia
E-mail: r.spooner-hart@uws.edu.au
[2] NSW Department of Primary Industries, Bathurst NSW 2795 Australia
[3] Hawkesbury Institute for the Environment, University of Western Sydney, Penrith NSW 2750 Australia

Aethina tumida

Vista dorsale(sinistra) e ventrale (destra) di adulto di *Aethina tumida*. Photos © Per Kryger.

Aethina tumida uova (sinistra) e larve (destra). Photos © Marc Schäfer.

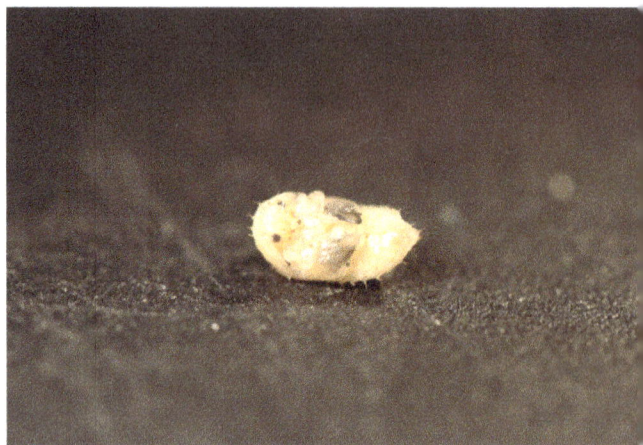

Aethina tumida larve vaganti (sinistra) e pupa (destra). Photos © Marc Schäfer.

Autori

Norman L Carreck

Norman è apicoltore da trentasette anni e ricercatore apistico da ventisei anni. Ha tenuto seminari sulle api in tutti i continenti dove vengono tenute le api, ha scritto numerosi articoli scientifici, capitoli di libri, contributi per conferenze e articoli divulgativi, ha curato diversi libri ed è regolarmente apparso nei media in molti paesi. È direttore scientifico dell'International Bee Research Association, Senior Editor del Journal of Apicultural Research, e ha sede presso l'Università del Sussex, nel Regno Unito.

Dr Franco Mutinelli

Franco ha una laurea in medicina veterinaria presso l'Università di Bologna, Italia, e ha conseguito il Diploma presso l'European College of Veterinary Pathologists e il Executive Master per la gestione delle autorità sanitarie dell'Università Bocconi di Milano. Dal 1989 è Dirigente Veterinario presso IZS delle Venezie, Legnaro (Padova), Italia. È Dirigente della Divisione di Scienze Veterinarie Sperimentali, Responsabile del Dipartimento di Istopatologia e Parassitologia Servizi Diagnostici e dal 2003 Dirigente del Laboratorio Nazionale di Riferimento per l'apicoltura. Il suo principale campo di attività è la diagnosi e il controllo delle malattie delle api mellifere, il monitoraggio ambientale, la legislazione, istruzione e formazione in apicoltura, l'istopatologia delle malattie degli animali, la patologia neoplastica e TSE, la diagnosi della rabbia, la sorveglianza e controllo, l'allevamento e benessere degli animali da laboratorio. Partecipa a progetti finanziati dal Ministero della Salute, Ministero dell'Agricoltura, Ministero dell'Ambiente e progetti internazionali legati a malattie all'ape di altri animali.

x

Dr Marie-Pierre Chauzat

Marie-Pierre si è laureata in Biologia ed Ecologia, e ha studiato ecotossicologia delle api presso l'Unità di Patologia Apistica, Anses Sophia Antipolis (Francia) dal 2002. Il laboratorio di Anses Sophia Antipolis è il laboratorio di riferimento OIE per le malattie delle api. Dopo anni di esperienza nella patologia delle api, Marie-Pierre ha acquisito una vasta conoscenza ed esperienza nel controllo e nella diagnostica delle malattie delle api e, in particolare, nelle indagini sul campo. È membro del "gruppo delle api mellifere della Commissione europea per l'importazione di prodotti dell'alveare" (DG SANCO) e membro del comitato scientifico dell'ITSAP, l'istituto tecnico- scientifico francese per l'apicoltura. E' membro del comitato di gestione nell'azione SUPER-B COST dell'UE che sta attualmente lavorando sull'impollinazione sostenibile in Europa. Marie-Pierre è vice capo del Laboratorio europeo di riferimento per la salute delle api da aprile 2011. È' stata anche responsabile dell'indagine EPILOBEE (uno studio epidemiologico paneuropeo sulle perdite delle colonia di api mellifere), dal coordinamento del lavoro sul campo (2012-2014) all'analisi statistica dei dati.

Prof. Peter Neumann

Peter ha conseguito sia la sua laurea magistrale che quella di dottorato in genetica delle api mellifere sotto la supervisione del Prof. Robin Moritz in Germania. Ha continuato poi a dedicarsi alla ricerca su *Apis mellifera* e su *Aethina tumida* come postdottorato alla Rhodes University, in Sudafrica, con il Dr. Randall Hepburn. Nel 2006 è entrato a far parte dello Swiss Bee Research Center di Berna, in Svizzera, come ricercatore a tempo pieno, diventando capo della divisione Pest and Pathogens tre anni dopo. Nel 2013 ha fondato l'Institute of Bee Health presso l'Università di Berna ed è diventato Foundation Vinetum Professor of Bee Health presso la Facoltà di Vetsuisse. La sua ricerca ora include tutti gli aspetti della salute delle api, con una forte attenzione alla patologia delle api mellifere, tra cui varroa e virus associati. Peter è presidente dell'associazione internazionale COLOSS (prevenzione dell'ape del miele COlony LOSSes) con oltre 850 membri provenienti da 96 paesi.

Dr Jeff S Pettis

Come entomologo presso l'USDA-ARS Bee Research Laboratory a Beltsville, nel Maryland, USA, Jeff conduce un ampio sforzo di ricerca per migliorare la salute delle colonie limitando l'impatto di parassiti e malattie sulle colonie di api da miele. Le sue aree di ricerca includono: Tecniche IPM per ridurre gli effetti degli acari e delle malattie parassitarie; effetti dei pesticidi e degli agenti patogeni sulla salute e longevità della regina; relazioni ospite-parassita e comportamento delle api. Jeff fa parte di diversi comitati internazionali riguardanti la salute delle api ed è spesso intervistato dai media per le sue opinioni sul declino degli impollinatori in tutto il mondo. Jeff ha conseguito la laurea all'Università della Georgia e il suo dottorato in entomologia presso la Texas A & M University nel 1992.

Prof. Christian Pirk

Christian è professore presso l'Università di Pretoria (UP), in Sud Africa, e guida il vivace Social Insects Research Group (UP). Dopo aver terminato gli studi in biologia e matematica presso l'Università Tecnica di Berlino, in Germania, ha lavorato sui conflitti riproduttivi in *Apis mellifera capensis* per il suo dottorato di ricerca sotto la supervisione del Prof. Hepburn dell'Università di Rhodes, Grahamstown, in Sud Africa. Alcuni dei suoi interessi di ricerca includono domande relative alla divisione riproduttiva del lavoro negli insetti sociali e su come vengono risolti potenziali conflitti. Ecologia chimica: organizzazione di gruppi, meccanismi di coordinamento e assegnazione dei compiti, ruolo e mezzi del comportamento modulativo della comunicazione feromonica e del suo ruolo nel raggiungimento di un comportamento collettivo coerente negli insetti sociali. Lavora anche sulle malattie delle api mellifere e sulle interazioni e co-evoluzione tra ospite e parassiti, ad es. tra api mellifere e varroa o api e piccoli coleotteri dell'alveare.

Dr Robert Spooner-Hart

Robert è professore associato di Sistemi di produzione vegetale sostenibili presso l'Università di Sydney Occidentale, in Australia, ed ex direttore dei centri per l'orticoltura e la scienza delle piante e delle scienze delle piante e dell'alimentazione. Ha oltre 35 anni di esperienza nella ricerca e nello sviluppo in entomologia, con particolare attenzione alla gestione sostenibile dei parassiti e agli insetti utili nelle colture orticole. È stato a capo dell' Australian Eastern States Bee Breeding Scheme negli anni '90, e ha supervisionato numerosi studenti di dottorato e MSc in apicoltura e meliponicoltura. Dopo la scoperta di SHB in Australia, ha diretto una serie di progetti nazionali sulla biologia e gestione del piccolo coleottero dell'alveare, e ha guidato il team australiano che ha collaborato con il Dr. Peter Neumann e il suo gruppo. Ha pubblicato due libri, tre capitoli di libri e 90 articoli con peer-review, di cui 12 su SHB, oltre a numerose relazioni per il governo, documenti di settore e relazioni di consulenza.

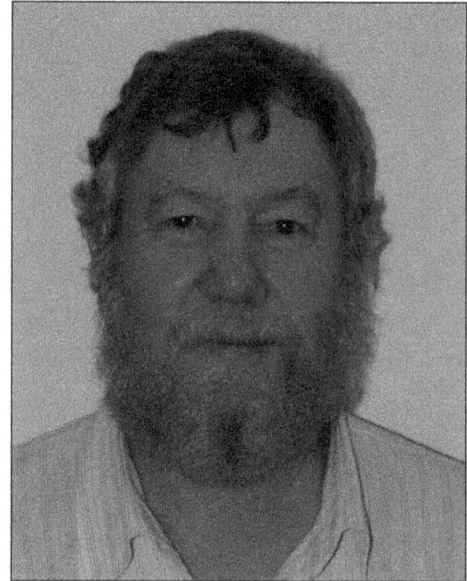

www.ingramcontent.com/pod-product-compliance
Lightning Source LLC
Chambersburg PA
CBHW042032220326
41599CB00040BA/7198